JN289328

第二種
電気工事士筆記試験
集中ゼミ 第2版

粉川昌巳 著

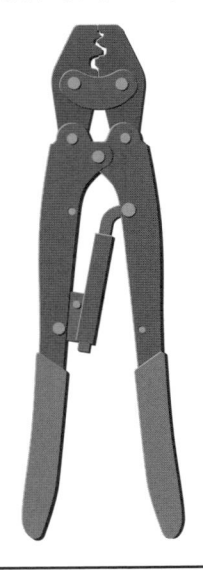

TDU 東京電機大学出版局

本書の全部または一部を無断で複写複製（コピー）することは，著作権法上での例外を除き，禁じられています．小局は，著者から複写に係る権利の管理につき委託を受けていますので，本書からの複写を希望される場合は，必ず小局（03-5280-3422）宛ご連絡ください．

はじめに

　本書は，第二種電気工事士の筆記試験受験者のために，**短期間で国家試験に合格できる**ことをめざしてまとめたものです．

　第二種電気工事士は，一般用電気工作物の電気工事の作業に従事するときに必要な資格です．しかしこの国家試験は，現在電気工事業に従事している方やこれから従事する方以外にも，電気・電子系の学習をしている学生，および電気系の職業に従事しいている社会人など，毎年多数の方が受験をしている人気の高い国家試験です．

　第二種電気工事士の国家試験は，（財）電気技術者試験センターにより実施されています．試験では「一般問題30題」，「配線問題20題」の合計50題が出題され，各設問あたり四肢の択一方式によりマークシートで解答します．合格ラインは，50題中30題以上の正解となります．

　本書の構成は，一般問題，一般問題・配線問題に関係する鑑別問題，配線問題の三つの章からなります．

　一般問題と配線問題では，**重要知識**で試験問題を解くために必要な要点を学習し，次に**例題および問題**の解答練習を行います．このように実際の試験問題に即応した学習を進めることによって，短期間で国家試験合格への知識が身に付くように構成してあります．

　一般問題・配線問題に関係する鑑別問題では，過去に出題された電気工事に用いる工具や器具などを工事ごとにまとめてあります．鑑別問題は工具や器具の名称や用途を解答するもので，この部では工具や器具の用途を視覚的に覚えられるように**イラストを用いて**工夫してあります．

　この国家試験の出題は出題範囲が狭いので，過去に出題された問題に類似したものが数多く出題されます．本書でも過去に出題された問題を精選して各項目に収録しています．

　国家試験に合格する早道は，頻繁に出題される試験内容の重要知識の要点を覚え，既出問題や予想問題を解いて問題に慣れることです．本書を繰り返し活用することで，第二種電気工事士の筆記試験に合格できることを願っています．

　終わりに，本書を出版するにあたり多大なご尽力をいただいた財団法人電気技術者試験センター，および東京電機大学出版局の植村八潮氏，石沢岳彦氏，菊地雅之氏に深く感謝申し上げます．

平成20年4月

著者しるす

第二種電気工事士とは！

　第二種電気工事士試験の筆記試験と技能試験に合格し，第二種電気工事士免状を取得すると，次のように一般用電気工作物の作業に従事することができるほか，実務経験または講習で認定電気工事従事者認定証の交付を受けることができます．

1　一般用電気工作物の電気工事の作業
　一般住宅や小規模な店舗，事務所などのように，電力会社から低圧（600V以下）の電圧で受電する場所の配線や電気使用設備等の電気工作物（一般用電気工作物）を設置し，または変更する工事の作業に従事することができます．

2　認定電気工事従事者
　免許取得後，3年以上の電気工事の実務経験を積むか，または講習（認定電気工事従事者認定講習）を受け，経済産業局長に申請して認定電気工事従事者認定証の交付を受ければ，最大電力500kW未満の自家用電気工作物（需要設備）のうちの電圧600V以下で使用する配線や電気使用設備等の電気工作物（電線路を除く）の設置，または変更する工事に従事することができます．

3　100kW未満の許可主任技術者
　最大電力100kW未満の工場，ビル等に勤務している場合，事業主が免状取得者を当該事業場の電気主任技術者として選任の手続きを経済産業局長に行い，経済産業局長の許可が得られれば，電気主任技術者として業務に就くことができます．
　ただし，この場合の手続きは事業場の代表者が電気事業法上の手続きとして行うもので，免状取得者本人が行うものではありません．

◆問い合わせ先◆
　上記の事項についてさらに詳しく知りたい方は，電気工事士法，電気事業法等の関係法令をご覧いただくか，または次のところへお問い合わせください．
　1．電気工事士免状の交付申請に関することは，各都道府県の電気工事士担当窓口
　2．認定電気工事従事者等に関することは，各経済産業局施設課

目次

本書の使い方 ……………………………………………………………………… vii

第1部　一般問題

第1章　電気に関する基礎理論
- 1.1　直流回路 ……………………………………………………………… 2
- 1.2　熱量・電力・電力量 ………………………………………………… 5
- 1.3　分流器・倍率器 ……………………………………………………… 8
- 1.4　電線の抵抗 …………………………………………………………… 11
- 1.5　単相交流回路 ………………………………………………………… 14
- 1.6　単相交流の直列・並列回路 ………………………………………… 17
- 1.7　三相交流回路 ………………………………………………………… 20

第2章　配電理論及び配線設計
- 2.1　単相3線式回路と電圧 ……………………………………………… 24
- 2.2　単相3線式回路の電圧降下 ………………………………………… 26
- 2.3　配電線路の電圧降下 ………………………………………………… 28
- 2.4　許容電流と電流減少係数 …………………………………………… 30
- 2.5　分岐回路 ……………………………………………………………… 32
- 2.6　過電流遮断器の性能 ………………………………………………… 34
- 2.7　過電流遮断器の定格電流 …………………………………………… 36
- 2.8　幹線の許容電流 ……………………………………………………… 38
- 2.9　分岐回路における開閉器の省略 …………………………………… 40

第3章　電気工事の施工方法
- 3.1　施設場所による工事の種類 ………………………………………… 42
- 3.2　ケーブル工事 ………………………………………………………… 44
- 3.3　金属管工事 …………………………………………………………… 46
- 3.4　合成樹脂管工事 ……………………………………………………… 48
- 3.5　可とう電線管工事 …………………………………………………… 50
- 3.6　ダクト工事 …………………………………………………………… 52
- 3.7　地中電線路の施設 …………………………………………………… 54

3.8 コードの使用制限 ………………………………………… 56
3.9 屋内のネオン放電灯工事 ………………………………… 58

第4章　一般用電気工作物の検査法と測定方法
4.1 電圧，電流，電力の測定 ………………………………… 60
4.2 変流器とクランプメータ ………………………………… 62
4.3 接地抵抗の測定法 ………………………………………… 64
4.4 絶縁抵抗の測定法 ………………………………………… 66
4.5 竣工検査の手順，検査の義務 …………………………… 68

第5章　電気機械・器具
5.1 蛍光灯回路 ………………………………………………… 70
5.2 照明器具・機器の力率 …………………………………… 72
5.3 三相誘導電動機の運転 …………………………………… 74
5.4 電気工事と工具 …………………………………………… 76
5.5 電線 ………………………………………………………… 78
5.6 スイッチの種類 …………………………………………… 80
5.7 点灯回路 …………………………………………………… 82
5.8 コンセントと差し込みプラグ …………………………… 84
5.9 過電流遮断器 ……………………………………………… 86

第6章　電気設備技術基準
6.1 電圧の区分と絶縁抵抗 …………………………………… 88
6.2 接地工事 …………………………………………………… 90
6.3 接地工事の省略 …………………………………………… 92
6.4 漏電遮断器の施設 ………………………………………… 94
6.5 電線の接続法 ……………………………………………… 96
6.6 対地電圧の制限と例外 …………………………………… 98

第7章　電気関係法規
7.1 電気事業法 ………………………………………………… 100
7.2 電気工事士法 ……………………………………………… 102
7.3 電気工事士の作業 ………………………………………… 104
7.4 電気工事業の業務の適正化に関する法律 ……………… 106
7.5 電気用品安全法 …………………………………………… 108

第2部　鑑別問題

第8章　電線管工事
- 8.1　電線管工事の工具1 …………………………………………………… 112
- 8.2　電線管工事の工具2 …………………………………………………… 114
- 8.3　電線管工事の器具1 …………………………………………………… 116
- 8.4　電線管工事の器具2 …………………………………………………… 118
- 8.5　電線管工事の器具3 …………………………………………………… 120

第9章　ケーブル工事
- 9.1　ケーブル工事の器具 …………………………………………………… 122
- 9.2　ケーブル工事の工具 …………………………………………………… 124

第10章　ダクト工事
- 10.1　ダクト工事の器具 …………………………………………………… 126

第11章　配線器具
- 11.1　配線器具1 …………………………………………………………… 128
- 11.2　配線器具2 …………………………………………………………… 130
- 11.3　配線器具3 …………………………………………………………… 132
- 11.4　配線器具4 …………………………………………………………… 134
- 11.5　配線器具5 …………………………………………………………… 136

第12章　工具
- 12.1　いろいろな工具1 …………………………………………………… 138
- 12.2　いろいろな工具2 …………………………………………………… 140

第13章　計測器
- 12.1　いろいろな計測器1 ………………………………………………… 142
- 12.2　いろいろな計測器2 ………………………………………………… 144

第3部　配線問題

第14章　配線用図記号
- 14.1　一般配線 …………………………………………………………… 148
- 14.2　配線に関する記号と機器 …………………………………………… 150
- 14.3　照明器具 …………………………………………………………… 152
- 14.4　コンセント ………………………………………………………… 154
- 14.5　点滅器 ……………………………………………………………… 156
- 14.6　開閉器・計器 ……………………………………………………… 158
- 14.7　配電盤・分電盤等，呼出 …………………………………………… 160

第15章　木造住宅の施工方法
- 15.1　引込口から屋側配線まで …………………………………………… 162
- 15.2　開閉器の省略 ………………………………………………………… 164
- 15.3　メタルラス張り等の工事 …………………………………………… 166
- 15.4　接地工事と絶縁抵抗 ………………………………………………… 168
- 15.5　屋内配線 …………………………………………………………… 170
- 15.6　200V配線と過電流遮断器 ………………………………………… 172

第16章　単線図から複線図への変換
- 16.1　スイッチに至る電線の本数 ………………………………………… 174
- 16.2　ジョイントボックス間の電線の本数 ………………………………… 176
- 16.3　ジョイントボックス内の配線 ……………………………………… 179

第17章　器具と材料の選別
- 17.1　圧着ペンチとリングスリーブ ……………………………………… 182
- 17.2　配線器具 …………………………………………………………… 184
- 17.3　工具と材料 ………………………………………………………… 190
- 17.4　測定器 ……………………………………………………………… 194

受験ガイド ……………………………………………………………………… 196
索引 ……………………………………………………………………………… 199

本書の使い方

1 本書の構成

　本書は，一般問題，一般問題・配線問題に関係する鑑別問題，配線問題の三つの部と17の章からなる．一般問題と配線問題は，各章の節ごとに**重要知識，例題，問題**で構成されている．

　まず，試験問題を解くのに必要な事項や公式などは，**重要知識**で学習できるように構成してある．重要知識では，現在出題されている国家試験の問題に合わせて，試験問題を解くために必要な知識とその要点をまとめている．

　重要知識をマスターしたら，次に例題によって基本的な理解を深め，問題の解答練習を行う．例題や問題は，試験で出題された問題や今後出題が予想される問題で構成されているので，実際の試験に即応した学習を進めることができる．

　一般問題・配線問題に関係する鑑別問題は，見開きにしたとき，右ページにいままで試験に出題された電気工事に用いる工具や器具の写真とその名称・用途をまとめてある．左ページには，それら工具や器具の用途を**イラスト**を用いて視覚的に覚えられるように表している．

　鑑別問題は，本書に載せてある工具・器具等からほぼ出題される．したがって，左ページのイラストを参考に，写真とその名称・用途を覚えていただきたい．

2 重要知識

① 国家試験問題を解答するために必要な知識をまとめてある．

② 各節の**出題項目check！**には，各節から出題される項目をあげてあるので，学習のはじめに国家試験に出題されるポイントを確認することができる．また，学習時にマスターした出題項目をチェックするなど，学習した項目を確認するときに利用できる．

③ 太字の部分は，試験問題に解答するときのポイントになる部分なので，特に注意して学習すること．

④ **POINT**では，試験問題を理解するために必要な用語や事項などについて解説している．

⑤ 解説中で「電技」とは「電気設備に関する技術基準を定める省令」，「電技解釈」とは「電気設備の技術基準の解釈について」の略である．

3 例題，問題

① 過去に出題された問題を中心に，各項目ごとに必要な問題をまとめてある．

② 実際の国家試験では，過去に出題された問題とまったく同じ問題が出題されることもあるが，計算の数値が変わっていたり，正解以外の選択肢の内容が変わって出題されることがある．

本書の使い方

③ 各問題にはチェック欄を設けた．できた問題をマークする，あるいはできなかった問題をマークするというように利用してほしい．特に，不得意な問題をチェックしておいて，確実に解答できるようになるまで繰り返し学習するとよいだろう．

4 学習方法

① まず，鑑別・配線問題を学習しよう！

鑑別問題は，電気工事に関する器具や工具の名称や用途を答える問題である．本書に収録した写真を繰り返し覚えることで，9割以上の得点がとれるはずである．

また，配線問題も毎年類似した問題が出題されているので，本書に出ている内容をマスターすることで9割以上の得点がとれる．

したがって，鑑別・配線問題をマスターすれば，50題中22題前後の正解を得ることができる計算となる．

② 一般問題は覚えればよい問題からマスターしょう！

鑑別・配線問題をきちんとマスターすれば，あとは一般問題から鑑別問題を除いた25題前後中半分程正解すれば合格ラインに達することになる．計算の苦手な場合は，最初に出題される計算問題は後回しにして，覚えるだけで解答できる問題を繰り返し解いていけばよい．ただし，配線設計の問題などは毎年必ず出題されるので，解き方をマスターしておけばより合格する確率が高くなるだろう．

③ いつでも・どこでも・繰り返し

学習の基本は，何度も繰り返し学習して覚えることである．

本書は，どこでもすぐに取り出して学習することができる．短時間でも集中して学習すると意外に効果が上がるものなので，積極的に活用していただきたい．

第1部
一般問題

1 電気に関する基礎理論

1.1 直流回路　重要知識

出題項目 Check!
- □ オームの法則
- □ 合成抵抗
- □ 回路に流れる電流および回路の電圧

1 オームの法則

抵抗 R〔Ω〕に流れる電流 I〔A〕は電圧 V〔V〕に比例し，抵抗 R に反比例する．

これをオームの法則といい，次式のようになる．

$$I = \frac{V}{R} \tag{1.1}$$

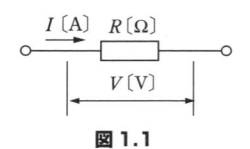

図 1.1

2 抵抗の直列接続

図1.2のように抵抗が直列接続された回路には，次のような特徴がある．

① 合成抵抗：$R = R_1 + R_2$ 　　　(1.2)
② 各抵抗に流れる電流 I は等しい：$I = \dfrac{V}{R_1 + R_2}$ 　(1.3)
③ 電圧：$V = V_1 + V_2$ で，各電圧は次式のようになる．
　　$V_1 = R_1 I, \quad V_2 = R_2 I$ 　　　(1.4)

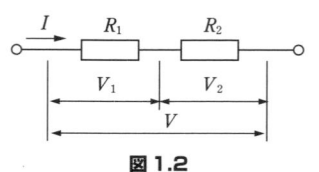

図 1.2

3 抵抗の並列接続

図1.3のように抵抗が並列接続された回路には，次のような特徴がある．

① 抵抗2個の場合の合成抵抗 R は，2個の抵抗の和分の積である．

$$R = \frac{R_1 \cdot R_2}{R_1 + R_2} \tag{1.5}$$

② 同じ**抵抗 R が3個並列接続された場合の合成抵抗は，$R/3$ である．**
③ 各抵抗に加わる電圧は等しい．
④ 回路に流れる電流 I：$I = I_1 + I_2$
　　各電流は次式のようになる．
　　$I_1 = \dfrac{V}{R_1} \qquad I_2 = \dfrac{V}{R_2}$ 　　　(1.6)

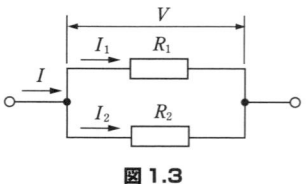

図 1.3

1.1 直流回路

例題

図1.4のような直流回路において，ab間の電圧は．

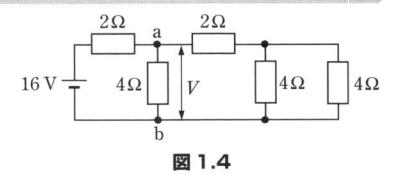

解説

右側の二つの4Ωの抵抗は並列なので，和分の積で求めて2Ωとなる．これと左側の2Ωの抵抗とは直列なので足して4Ωというように，右から順に合成抵抗を求めていくと，図1.5のようになる．

ab間の電圧は，2Ωと2Ωの抵抗に分圧されるので，16Vの半分で8Vとなる．

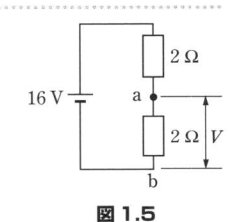

図 1.4

図 1.5

問題

問1 図1.6のような直流回路で，電圧計Ⓥが24Vを指示しているとき，電流計Ⓐの指示値〔A〕は．

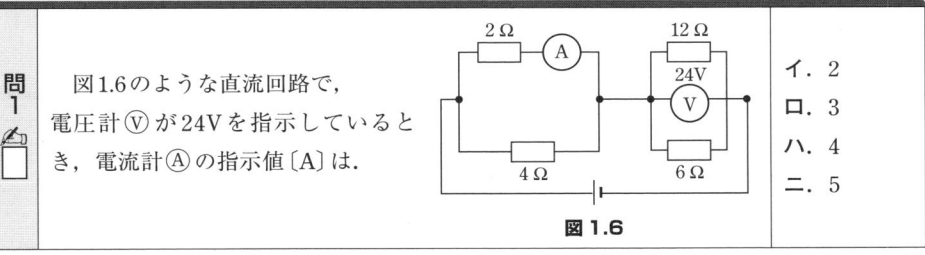

イ．2
ロ．3
ハ．4
ニ．5

図 1.6

解説

図1.7において，12Ωの抵抗に流れる電流 I_1〔A〕は，

$$I_1 = \frac{24 \,〔V〕}{12 \,〔Ω〕} = 2 \,〔A〕$$

6Ωの抵抗に流れる電流 I_2〔A〕は，

$$I_2 = \frac{24 \,〔V〕}{6 \,〔Ω〕} = 4 \,〔A〕$$

したがって，全体の電流 $I = I_1 + I_2 = 2 + 4 = 6$ A となる．この電流が2Ωと4Ωに分流するので，電流計のある2Ωの抵抗に流れる電流 I_A〔A〕は，

$$I_A = \frac{4}{2+4} I = \frac{4}{2+4} \times 6 = 4 \,〔A〕$$

となり，正解はハである．

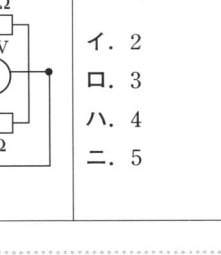

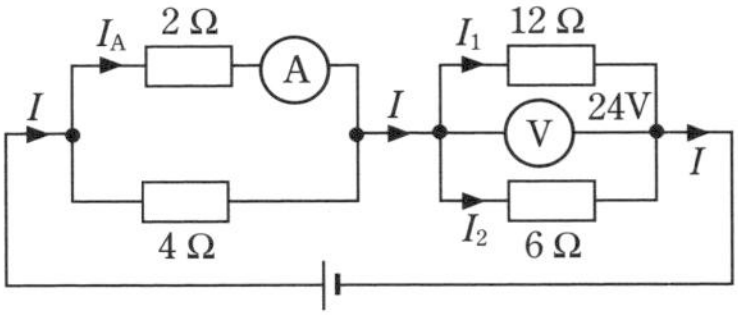

図 1.7

Point

二つの抵抗に流れる電流は，（二つの抵抗の和）分の（求める電流の逆の抵抗）の比で分流する： $I_1 = \dfrac{R_2}{R_1 + R_2} I$

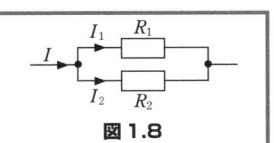

図 1.8

問2

図1.9のような直流回路で，電流計Ⓐが2Aを指示したとき，電圧計Ⓥの指示値〔V〕は．

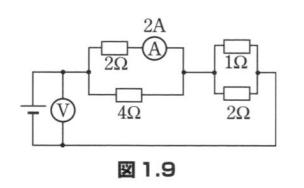

イ．3
ロ．4
ハ．6
ニ．10

図1.9

解説

図1.10において，電圧 V_1〔V〕は，

$$V_1 = 2\,\text{A} \times 2\,\Omega = 4\,\text{〔V〕}$$

したがって，電流 I_1〔A〕は，

$$I_1 = \frac{V_1}{4\,\Omega} = \frac{4}{4} = 1\,\text{〔A〕}$$

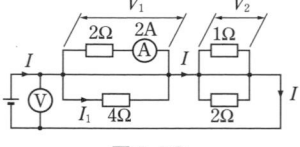

全体の電流 $I = 2 + 1 = 3\,\text{A}$ となり，電圧 V_2 は，1Ωと2Ωの合成抵抗に電流 I〔A〕をかけて，

$$V_2 = \frac{1 \times 2}{1+2} \times I = \frac{2}{3} \times 3 = 2\,\text{〔V〕}$$

図1.10

したがって電圧計の電圧 V〔V〕は，$V = V_1 + V_2 = 4 + 2 = 6$〔V〕となり，正解はハである．

問3

図1.11のような回路で，電流計Ⓐの値が2Aを示した．このときの電圧計Ⓥの指示値〔V〕は．

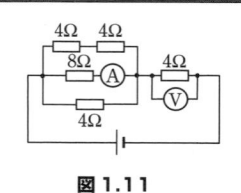

イ．16
ロ．32
ハ．40
ニ．48

図1.11

解説

図1.12において，電圧 V_1〔V〕は，

$$V_1 = 8\,\Omega \times I_2 = 8 \times 2 = 16\,\text{〔V〕}$$

したがって，電流 I_1〔A〕および I_3〔A〕は，

$$I_1 = \frac{16}{4+4} = 2\,\text{〔A〕}, \qquad I_3 = \frac{16}{4} = 4\,\text{〔A〕}$$

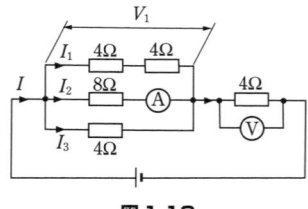

全体に流れる電流 I〔A〕は，$I = I_1 + I_2 + I_3$
$= 2 + 2 + 4 = 8\,\text{A}.$

よって電圧計Ⓥの指示値は，$V = 4\,\Omega \times 8\,\text{A} = 32\,\text{V}$ となり，正解はロである．

図1.12

1.2 熱量・電力・電力量　重要知識

出題項目 Check!
- □ 熱エネルギー
- □ 電力
- □ 電力量

1 熱エネルギー

図1.13のように，抵抗R〔Ω〕に電流I〔A〕が流れると，ジュール熱という熱エネルギーが発生する．これをジュールの法則といい，電流が流れた時間をt〔s〕とすると，熱エネルギーQは式(1.7)のように表される．熱エネルギーの単位は，ジュール〔J〕が用いられる．

$$Q = I^2 R t \text{〔J〕} \tag{1.7}$$

図1.13

2 電力

電気回路における単位時間当たりの電気エネルギーの量を電力といい，その大きさPは式(1.8)で表される．電力の単位にはワット〔W〕が用いられ，これは〔J/s〕と同じ単位である．

$$P = VI = I^2 R = \frac{V^2}{R} \text{〔W〕,〔J/s〕} \tag{1.8}$$

3 電力量

ある電力による一定時間内の電気エネルギーの総量を電力量という．電力量Wは，式(1.9)のように電力と時間の積で表される．

$$W = Pt = VIt \tag{1.9}$$

電力量の単位は，時間tに秒を用いたワット秒〔W・s〕（〔J〕と同じ単位）や，時間tに時を用いて1,000倍したキロワット時〔kW・h〕が用いられる．

Point

熱エネルギー，電力，電力量は兄弟である．三つの間には，時間が関係する．

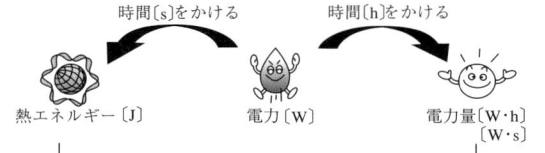

図1.14
〔J〕と〔W・s〕は同じ単位

第1章 電気に関する基礎理論

例題1

電線の接続不良により,接続点の接触抵抗が0.5Ωとなった.この電線に10Aの電流が流れると,接続点から1時間に発生する熱量〔kJ〕は.

解説

熱量は式(1.7)より,1時間を秒に変換して計算する.
$$Q = I^2Rt = 10^2 \times 0.5 \times (1 \times 3{,}600) = 180{,}000 = 180 \text{〔kJ〕}$$

例題2

消費電力が300Wの電熱器を2時間使用したときの発熱量〔kJ〕は.

解説

電力に時間〔s〕をかけると熱量〔J〕になる.したがって,
$$Q = Pt = 300 \times (2 \times 3{,}600) = 2{,}160{,}000 = 2{,}160 \text{〔kJ〕}$$

問題

問1 消費電力2kWの電熱器を10分間使用した場合に発生する熱量〔kJ〕は.

イ. 20 ロ. 100 ハ. 800 ニ. 1,200

解説

電力に時間〔s〕をかけると熱量〔J〕になる.したがって,
$$Q = Pt = 2{,}000 \times (10 \times 60) = 1{,}200{,}000 = 1{,}200 \text{〔kJ〕}$$
となり,正解はニとなる.

問2 定格電圧100V,定格消費電力500Wの電熱器を100Vで1時間使用したときの発熱量〔kJ〕は.
ただし,電熱器の抵抗値は一定とし,1kW・h = 3,600 kJとする.

イ. 900 ロ. 1,800 ハ. 3,600 ニ. 7,200

解説

電力に時間〔s〕をかけると熱量〔J〕になる.したがって,
$$Q = Pt = 500 \times (1 \times 3{,}600) = 1{,}800{,}000 = 1{,}800 \text{〔kJ〕}$$
となり,正解はロである.

別解

式(1.9)より,電力量W〔kW・h〕を求める.
$$W = Pt = 500 \times 1 = 500 = 0.5 \text{〔kW・h〕}$$
1〔kW・h〕= 3,600〔kJ〕より,$0.5 \text{〔kW・h〕} = \dfrac{3{,}600}{2} = 1{,}800 \text{〔kJ〕}$

1.2 熱量・電力・電力量

問3 定格電圧100V，定格消費電力1kWの電熱器に110Vの電圧を加えた場合の消費電力〔kW〕は．

イ．1.0
ロ．1.1
ハ．1.2
ニ．1.3

解説

定格電圧V〔V〕，定格消費電力P〔W〕から，電熱器の抵抗R〔Ω〕を求める．
式(1.8)より，

$$R = \frac{V^2}{P} = \frac{100^2}{1,000} = 10 \ 〔Ω〕$$

この電熱器の抵抗Rに110Vの電圧を加えたときの消費電力P〔W〕は，式(1.8)より，

$$P = \frac{V^2}{R} = \frac{110^2}{10} = 1,210 ≒ 1.2 〔kW〕$$

となり，正解はハである．

問4 抵抗R〔Ω〕に電圧V〔V〕を加えると，電流I〔A〕が流れる．P〔W〕の電力が消費された場合，電流I〔A〕を示す式として誤っているものは．

イ．$\dfrac{V^2}{P}$ ロ．$\dfrac{V}{R}$
ハ．$\sqrt{\dfrac{P}{R}}$ ニ．$\dfrac{P}{V}$

解説

オームの法則$V = RI$より，

$$I = \frac{V}{R} \text{ となり，ロは正しい．}$$

式(1.8)の$P = I^2R$より，

$$I = \sqrt{\frac{P}{R}} \text{ となり，ハは正しい．}$$

式(1.8)の$P = VI$より，

$$I = \frac{P}{V} \text{ となり，ニは正しい．}$$

したがって，誤っているものはイである．

1.3 分流器・倍率器　重要知識

出題項目 Check!
- 分流器の役割について
- 倍率器の役割について

1 分流器

電流計の測定範囲を拡大するために電流計に並列に接続する抵抗を分流器という．図1.15に示すように，電流計に流れる電流をI_a〔A〕，内部抵抗をr_a〔Ω〕，分流器に流れる電流をI_s〔A〕，全体に流れる電流をI〔A〕とすると，分流器の抵抗R_s〔Ω〕は，次式のように表される．

$$R_s = \frac{r_a}{m-1} \tag{1.10}$$

図1.15

ここで，mは分流器の倍率といい，電流計に流れる電流I_aの何倍の電流が測定できるかを表すもので，次式のように表される．

$$m = \frac{I}{I_a} = \frac{R_s + r_a}{R_s} \tag{1.11}$$

2 倍率器

電圧計の測定範囲を拡大するために，電圧計に直列に接続する抵抗を倍率器という．

図1.16に示すように，電圧計に加える電圧をV_v〔V〕，内部抵抗をr_v〔Ω〕，倍率器に加わる電圧をV_m〔V〕，全体の電圧をV〔V〕とすると，倍率器の抵抗R_m〔Ω〕は次式のように表される．

$$R_m = r_v(m-1) \tag{1.12}$$

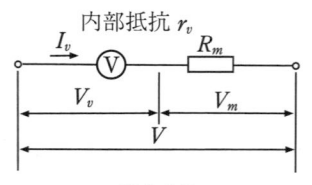

図1.16

ここで，mは倍率器の倍率といい，電圧計に加わる電圧V_vの何倍の電圧が測定できるかを表すもので，次式のように表される．

$$m = \frac{V}{V_v} = \frac{R_m + r_v}{r_v} \tag{1.13}$$

Point

① 分流器は，電流計に**並列**に接続される．
② 倍率器は，電圧計に**直列**に接続される．

1.3 分流器・倍率器

例題

内部抵抗100kΩ，最大目盛100Vの電圧計がある．倍率器を用いて500Vの電圧を測定するには，倍率器の抵抗はいくらにすればよいか．

解説

倍率器の公式を用いて計算する．電圧計に加えてよい電圧V_vは100V，測定したい電圧Vは500Vであるから，倍率mは式(1.13)より，

$$m = \frac{V}{V_v} = \frac{500}{100} = 5$$

したがって倍率器の抵抗R_mは，式(1.12)より，

$$R_m = r_v(m-1) = 100 \times 10^3 \times (5-1) = 400 \text{ [kΩ]}$$

別解

電気回路の計算から求める．例題を回路図に表すと，図1.17のようになる．倍率器R_mの値を求めるには，R_mに加わる電圧と流れる電流がわかればよい．R_mに流れる電流I_vは，電圧計に流れる電流になる．したがって，

$$I_v = \frac{V_v}{r_v} = \frac{100}{100 \times 10^3} = 0.001 \text{ [A]}$$

倍率器に加わる電圧V_mは，

$$V_m = V - V_v = 500 - 100 = 400 \text{ [V]}$$

よってR_mは，

$$R_m = \frac{V_m}{I_v} = \frac{400}{0.001} = 400 \times 10^3 \text{ [Ω]} = 400 \text{ [kΩ]}$$

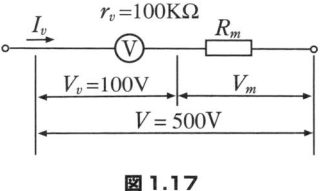

図1.17

問題

問1　内部抵抗0.03Ω，定格電流10Aの電流計を40Aまで測定できるようにしたい．正しいものは

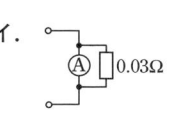

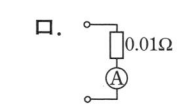

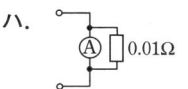

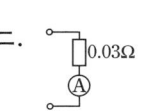

イ．0.03Ω
ロ．0.01Ω
ハ．0.01Ω
ニ．0.03Ω

解説

この問いは，分流器の抵抗とその接続方法についての問題である．**分流器は，電流計に並列に接続する**．この点で，ロとニは不正解である．

次に，分流器の抵抗を求める．図1.18において，電流計の定格電流10A，内部抵抗0.03Ωより，電流計に加わる電圧V〔V〕は，

$$V = 0.03 \times 10 = 0.3 \text{〔V〕}$$

全体に流れる電流40Aから電流計の定格電流10Aをひいた30Aが，分流器に流れる電流である．

したがって，分流器の抵抗R_s〔Ω〕は，

$$R_s = \frac{V}{30} = \frac{0.3}{30} = 0.01 \text{〔Ω〕}$$

となり，ハが正解である．

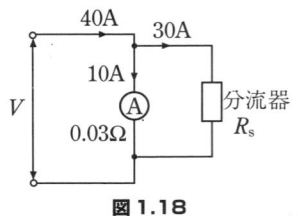

図 1.18

問2　内部抵抗10kΩ，定格電圧150Vの電圧計を450Vまで測定できるようにしたい．正しいものは．

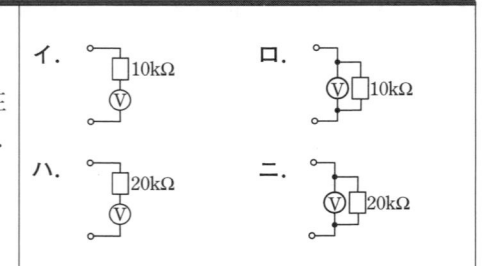

イ． 10kΩ
ロ． 10kΩ
ハ． 20kΩ
ニ． 20kΩ

解説

この問いは，倍率器の抵抗とその接続方法についての問題である．**倍率器は，電圧計に直列に接続する**．この点で，ロとニは不正解である．

次に，倍率器の抵抗を求める．図1.19において，電圧計の定格電圧150 V，内部抵抗10 kΩより，電圧計に流れる電流I〔A〕は，

$$I = \frac{150}{10 \times 10^3} = 0.015 = 15 \text{〔mA〕}$$

全体に加わる電圧は450 V，電圧計の定格は150 Vなので，倍率器には300 Vの電圧が加わる．したがって，倍率器の抵抗R_m〔Ω〕は，

$$R_m = \frac{300}{I} = \frac{300}{0.015} = 20{,}000 = 20 \text{〔kΩ〕}$$

となり，ハが正解である．

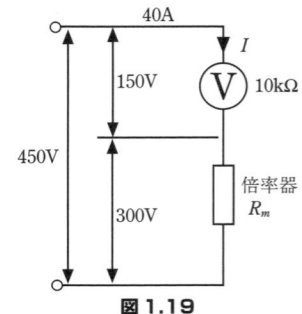

図 1.19

1.4 電線の抵抗

重要知識

出題項目 Check!
- 電線の抵抗の求め方
- 電線の種類

1 電線の抵抗

電線の抵抗はその長さに比例し，断面積に反比例する．

図1.20に示すように，電線の長さを l [m]，断面積を A [m²] とすると，抵抗 R [Ω] は，次式のようになる．

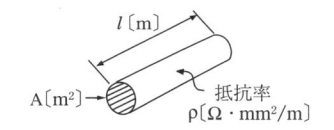

$$R = \rho \times \frac{l}{A} \tag{1.14}$$

図 1.20

また，電線の半径を r [m]，直径を D [m] とすれば，式(1.14)は次式のように表される．

$$R = \rho \times \frac{l}{\pi r^2} = \rho \times \frac{4l}{\pi D^2} \tag{1.15}$$

ここで，比例定数 ρ は抵抗率といい，物質に固有の定数である．単位は [Ω·mm²/m] または [Ω·m] を用いる．二つの抵抗率の間には，次のような関係がある．

$$1 [\Omega \cdot m] = 10^6 [\Omega \cdot mm^2/m]$$

抵抗率 ρ の逆数を導電率 σ といい，次式のような関係がある．

$$\sigma = \frac{1}{\rho} \tag{1.16}$$

2 電線の表し方

電線には金属線1本を導体とする単線と，幾本かの金属線をより合わせたより線がある．
電線の表し方は，単線は電線の直径 [mm] で，より線は断面積 [mm²] で表す．

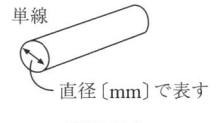

図 1.21 単線 — 直径 [mm] で表す

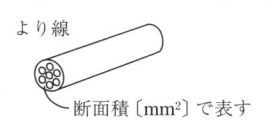

図 1.22 より線 — 断面積 [mm²] で表す

Point
電線の抵抗は，長さに比例し，断面積に反比例する．

第1章 電気に関する基礎理論

例題

直径1.6mm（断面積2mm²），長さ12mの電線の抵抗が0.1Ωであるとき，断面積8mm²，長さ96mの電線の抵抗〔Ω〕は．ただし，電線の材質及び温度は同一とする．

解説

電線の抵抗は，長さに比例し，断面積に反比例する．二つの電線を比べると，断面積は2mm²から8mm²と4倍に，長さは12mから96mと8倍になっている．

したがって，二つの電線の間は式(1.14)より

$$\text{二つの電線間の抵抗}R\text{の関係} = \frac{\text{長さ}l}{\text{断面積}A} = \frac{8\text{倍}}{4\text{倍}} = 2\text{倍}$$

となり，2倍の関係がある．したがって，抵抗は0.1Ωから2倍の0.2Ωとなる．

問題

問1

直径1.6mm，長さ10mの軟銅線と電気抵抗値が等しくなる直径3.2mmの軟銅線の長さ〔m〕は．ただし，軟銅線の温度，抵抗率は同一とする．

イ．5
ロ．10
ハ．20
ニ．40

解説

式(1.15)より，電線の抵抗は電線の長さl〔m〕に比例し，直径D〔m〕の二乗に反比例する．

問題文から，軟銅線の直径が1.6mmと3.2mmでは直径で2倍の差があるので，3.2mmの電線の抵抗は1.6mmの電線の抵抗に比べて1/4倍になる．したがって，1.6mmの電線の10mに対して3.2mmの電線は4倍の40mで二つの電線の抵抗値は等しくなる．よって，正解はニである．

問2

断面積が2mm²で長さ20mの軟銅線Aと，断面積が8mm²で長さ40mの軟銅線Bがある．Bの電気抵抗はAの電気抵抗の何倍か．
ただし，軟銅線の温度，抵抗率は同一とする．

イ．2
ロ．$\frac{1}{2}$
ハ．$\frac{1}{4}$
ニ．$\frac{1}{8}$

解説

式(1.14)より，電線の抵抗は電線の長さl〔m〕に比例し，断面積A〔m²〕に反比例する．

1.4 電線の抵抗

問題文から，軟銅線Bの抵抗は軟銅線Aの抵抗に比べて，長さで2倍，断面積で4倍となるので，トータルでは，
$$2 \times \frac{1}{4} = \frac{1}{2} \text{ 倍}$$
となり，正解はロである．

問3 直径1.6 mm（断面積2.0 mm²），長さ120 mの軟銅線の抵抗値〔Ω〕は．ただし，軟銅線の抵抗率は0.017 Ω・mm²/mとする．

イ．0.1
ロ．1.0
ハ．10
ニ．100

解説

式（1.15）より，軟銅線の直径1.6 mmを用いて，
$$R = \rho \times \frac{4l}{\pi D^2} = 0.017 \times \frac{4 \times 120}{\pi \times 1.6^2} \fallingdotseq 1.0 \ [\Omega]$$
したがって，正解はロである．

別解

式（1.14）より，軟銅線の断面積2 mm²を用いて，
$$R = \rho \times \frac{l}{A} = 0.017 \times \frac{120}{2} \fallingdotseq 1.0 \ [\Omega]$$

問4 直径2.6 mm，長さ20 mの銅線と抵抗値がほぼ等しい銅線は．
ただし，a：導体の太さ　b：導体の長さを表す．

イ．a：直径1.6 mm（約2 mm²）　b：40 m
ロ．a：断面積5.5 mm²　b：20 m
ハ．a：直径3.2 mm（約8 mm²）　b：10 m
ニ．a：断面積8 mm²　b：20 m

解説

直径2.6mmの電線の断面積A〔mm²〕は，
$$A = \pi r^2 = \pi \times \left(\frac{2.6}{2}\right)^2 \fallingdotseq 5.3 \ [\text{mm}^2]$$

となる．断面積5.3 mm²，長さ20 mの銅線をイ〜ニの電線と比較すると，ロは断面積が5.5 mm²で長さが20 mでほぼ等しいといえる．したがって，正解はロである．また，電線の抵抗が求まる定数$\frac{l}{A}$を求めると，問題の銅線は$\frac{20}{5.3} \fallingdotseq 3.8$である．イの銅線は$\frac{40}{2} = 20$，ロの銅線は$\frac{20}{5.5} \fallingdotseq 3.6$，ハの銅線は$\frac{10}{8} = 1.25$，ニの銅線は$\frac{20}{8} = 2.5$となり，ロの銅線がほぼ等しいといえる．

1.5 単相交流回路 　　　　　　　　　　　　　重要知識

出題項目 Check!

- □ 周期，周波数，最大値，実効値，平均値
- □ LとCによる位相
- □ リアクタンス

1 正弦波交流の表し方

図1.23のような正弦波交流波形は，次式のように表される．

$$v = V_m \sin \omega t = V_m \sin 2\pi ft \;[\text{V}] \quad (\omega = 2\pi f) \tag{1.17}$$

① 最大値 V_m：最大振幅の大きさ

　最大値 $V_m = \sqrt{2} \times$ 実効値　　　　(1.18)

② 平均値 V_a：半周期の平均値

　平均値 $V_a = \dfrac{2}{\pi} \times$ 最大値　　　(1.19)

③ 周期 T〔s〕と周波数 f〔Hz〕の関係

　$f = \dfrac{1}{T}$ または $T = \dfrac{1}{f}$　　　(1.20)

図 1.23 正弦波交流波形

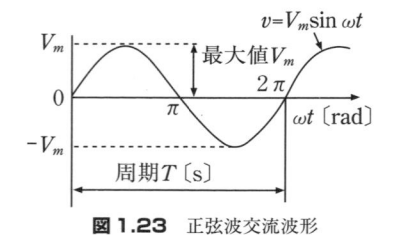

2 RLCによる位相

R，L，Cによる電圧と電流の位相には，次のような関係がある．

表 1.1 RLCによる位相の関係

回路	抵抗または リアクタンス	ベクトル図	電流値と位相
$\dot{V}$〔V〕, f〔Hz〕, R〔Ω〕	R〔Ω〕	$\dot{I}$ と $\dot{V}$ が同方向	$I = \dfrac{V}{R}$ 電圧と同相
$\dot{V}$〔V〕, f〔Hz〕, L〔H〕	$X_L = 2\pi fL$〔Ω〕	$\dot{V}$ 水平，$\dot{I}$ 下向き	$I = \dfrac{V}{X_L} = \dfrac{V}{2\pi fL}$ 電圧より $\dfrac{\pi}{2}$〔rad〕だけ位相は遅れる
$\dot{V}$〔V〕, f〔Hz〕, C〔F〕	$X_C = \dfrac{1}{2\pi fC}$〔Ω〕	$\dot{I}$ 上向き，$\dot{V}$ 水平	$I = \dfrac{V}{X_C} = 2\pi fCV$ 電圧より $\dfrac{\pi}{2}$〔rad〕だけ位相は進む

例題

実効値100Vの正弦波交流電圧の最大値および平均値は．

解説

式(1.18)より，

最大値 $V_m = \sqrt{2} \times$ 実効値 $= \sqrt{2} \times 100 \fallingdotseq 141.4$ 〔V〕

式(1.19)より，

平均値 $V_a = \dfrac{2}{\pi} \times$ 最大値 $= \dfrac{2}{\pi} \times 141.4 \fallingdotseq 90.1$ 〔V〕

問題

問1

図1.24のような交流回路の電圧 v に対する電流 i の波形として，正しいものは．

図1.24

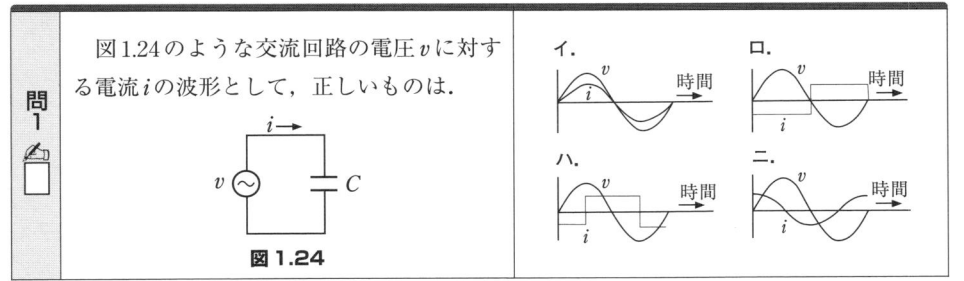

解説

電源電圧が正弦波の波形をコンデンサに加えた場合，電流の波形は正弦波で，位相は電圧より90°進む．したがって，正解はニである．

問2

図1.25のような交流回路の電圧 v に対する電流 i の波形として，正しいものは．

図1.25

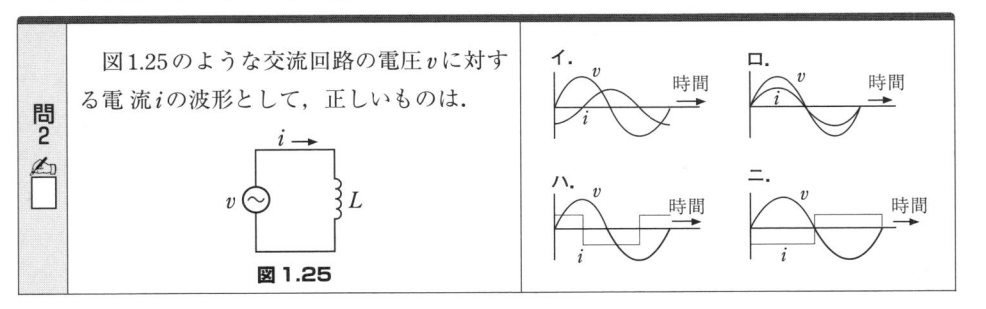

解説

電源電圧が正弦波の波形をコイルに加えた場合，電流の波形は正弦波で，位相は電圧より90°遅れる．したがって，正解はイである．

問3

実効値200Vの正弦波交流電圧の最大値〔V〕は．

- イ． 200
- ロ． 282
- ハ． 346
- ニ． 400

解説

最大値と実効値の関係式(1.18)より，

　　最大値 $= \sqrt{2} \times$ 実効値 $= \sqrt{2} \times 200 \fallingdotseq 282$ 〔V〕

となり，正解はロである．

問4

コイルに100V，50Hzの交流電圧を加えると3Aの電流が流れた．このコイルに100V，60Hzの交流電圧を加えたときに流れる電流〔A〕は．
ただし，コイルの抵抗は無視する．

- イ． 0
- ロ． 2.5
- ハ． 3.0
- ニ． 3.6

解説

「コイルに100V，50Hzの交流電圧を加えると3Aの電流が流れた．」という条件から，コイルのインダクタンスL〔H〕を求める．

表1.1から，インダクタンスに流れる電流I〔A〕は次式で表される．

$$I = \frac{V}{\omega L} = \frac{V}{2\pi f L} \quad \cdots ①$$

この式①から，インダクタンスL〔H〕は次式のように求められる．

$$L = \frac{V}{2\pi f I} = \frac{100}{2\pi \times 50 \times 3} = \frac{1}{3\pi} \text{〔H〕}$$

このインダクタンスLに，100V，60Hzの交流電圧を加えたときに流れる電流I〔A〕は，式①より，

$$I = \frac{V}{2\pi f L} = \frac{100}{2\pi \times 60 \times \dfrac{1}{3\pi}} = \frac{10}{4} = 2.5 \text{〔A〕}$$

となり，正解はロである．

別解

選択された答から消去法で正解を探す．コイルのリアクタンスX_L〔Ω〕は，

　　$X_L = \omega L = 2\pi f L$

で，周波数に比例する．問いのように周波数が50Hzから60Hzに変化したとき，リアクタンスは増加するので，電流は減少する．この点で電流値が3Aより小さいロが正解である．イのように0になることはなく，ハのように同じ値にもならない．まして，ニのように増加はしない．

1.6 単相交流の直列・並列回路　重要知識

出題項目 Check!

- □ RL 直列回路
- □ RL 並列回路
- □ 消費電力と電力量

1 直列回路

図1.26のようなRとリアクタンスX_Lの直列回路では，次のような関係がある．

① RとX_Lには，図1.27のような関係があり，インピーダンスZは次式のようになる．
$$Z = \sqrt{R^2 + X_L^2} \tag{1.21}$$

② 回路に流れる電流I〔A〕は次式のようになる．
$$I = \frac{V}{Z} = \frac{V}{\sqrt{R^2 + X_L^2}} \tag{1.22}$$

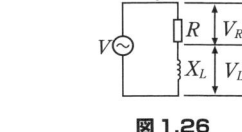

③ V_R，V_LとVの間には図1.28のような関係があり，各電圧は次式のようになる．
$$V_R = RI \quad V_L = X_L I \quad V = \sqrt{V_R^2 + V_L^2} \tag{1.23}$$

④ 力率$\cos\theta$は次式のようになる．
$$\cos\theta = \frac{R}{Z} = \frac{V_R}{V} \tag{1.24}$$

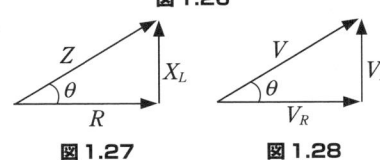

図 1.26
図 1.27
図 1.28

2 並列回路

図1.29のようなRとリアクタンスX_Lの並列回路では，次のような関係がある．

① 電流I_R，I_LとIの間には図1.30のような関係があり，各電流は次式のようになる．
$$I_R = \frac{V}{R} \quad I_L = \frac{V}{X_L} \quad I = \sqrt{I_R^2 + I_L^2} \tag{1.25}$$

② 力率$\cos\theta$は次式のようになる．
$$\cos\theta = \frac{I_R}{I} \tag{1.26}$$

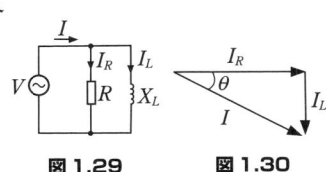

図 1.29
図 1.30

3 電力・電力量

図1.31の回路で電圧をV〔V〕，電流をI〔A〕，力率を$\cos\theta$とすると，消費電力P〔W〕，電力量W〔W・h〕は，次式で表される．
$$P = VI\cos\theta = I^2 R \text{〔W〕} \tag{1.27}$$
$$W = Pt = VI\cos\theta\, t \quad \text{〔W・h〕（または〔W・s〕）} \tag{1.28}$$

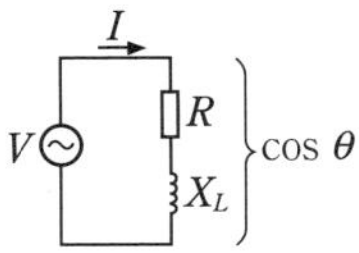

図 1.31

Point

RL直列回路では，インピーダンスや電圧の関係から力率を求めることができる．
RL並列回路では，電流の関係から力率を求めることができる．

例題 1

図1.32のような交流回路において，抵抗8Ωの両端間の電圧V〔V〕はいくらか．

解説

回路のインピーダンスZ〔Ω〕は式(1.21)より，
$$Z = \sqrt{R^2 + X_L{}^2} = \sqrt{8^2 + 6^2} = 10 \text{〔Ω〕}$$

回路に流れる電流I〔A〕は式(1.22)より，
$$I = \frac{V}{Z} = \frac{100}{10} = 10 \text{〔A〕}$$

抵抗Rの両端の電圧V〔V〕は式(1.23)より，
$$V = RI = 8 \times 10 = 80 \text{ V}$$

図 1.32

例題 2

単相200V回路で消費電力2.0kW，力率80％のルームエアコンを使用した場合，回路に流れる電流はいくらか．

解説

式(1.27)より，単相回路に流れる電流I〔A〕は，
$$I = \frac{P}{V\cos\theta} = \frac{2 \times 10^3}{200 \times 0.8} = 12.5 \text{〔A〕}$$

問題

問1 図1.33のような交流回路の力率を示す式は．

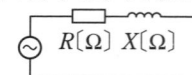

図 1.33

イ. $\dfrac{R}{\sqrt{R^2 + X^2}}$　　ロ. $\dfrac{RX}{R^2 + X^2}$　　ハ. $\dfrac{R}{R + X}$　　ニ. $\dfrac{R}{X}$

解説

回路のインピーダンスZ〔Ω〕は式(1.21)より，
$$Z = \sqrt{R^2 + X^2} \text{〔Ω〕}$$

力率は，図1.27および式(1.24)より，
$$\cos\theta = \frac{R}{Z} = \frac{R}{\sqrt{R^2 + X^2}}$$

となり，正解はイとなる．

1.6 単相交流の直列・並列回路

問2

図1.34のような回路に交流電圧 E〔V〕を加えたとき，回路の消費電力 P〔W〕を示す式は．

E〔V〕 — R〔Ω〕 X〔Ω〕

図1.34

イ． $\dfrac{E^2}{R}$ ロ． $\dfrac{E^2}{\sqrt{R^2+X^2}}$

ハ． $\dfrac{XE^2}{R^2+X^2}$ ニ． $\dfrac{RE^2}{R^2+X^2}$

解説

回路に流れる電流 I〔A〕は式(1.22)より，

$$I = \frac{E}{Z} = \frac{E}{\sqrt{R^2+X^2}} \ \text{〔A〕}$$

消費電力 P〔W〕は式(1.27)より，

$$P = IR^2 = \left(\frac{E}{\sqrt{R^2+X^2}}\right)^2 \cdot R = \frac{E^2 R}{R^2+X^2} \ \text{〔W〕}$$

となり，正解はニとなる．

問3

図1.35のような回路で抵抗 R に流れる電流が4A，リアクタンス X に流れる電流が3Aであるとき，抵抗 R の消費電力〔W〕は．

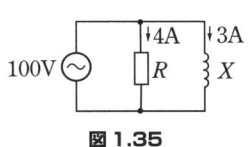

100V〜 R（4A） X（3A）

図1.35

イ．100
ロ．300
ハ．400
ニ．700

解説

抵抗 R の値は式(1.25)の関係から，

$$R = \frac{V}{I_R} = \frac{100}{4} = 25 \ \text{〔Ω〕}$$

抵抗 R の消費電力 P〔W〕は式(1.27)より，

$$P = I^2 R = 4^2 \times 25 = 400 \ \text{〔W〕}$$

となり，正解はハとなる．

1.7 三相交流回路　　重要知識

出題項目 Check!
- □ Y回路
- □ Δ回路
- □ 三相交流回路の電力・電力量

　三つの単相交流を一つの組として扱うものを三相交流といい，その回路には，Y回路とΔ回路がある．

1 Y回路

　図1.36のように結線された回路をY回路という．電圧Vを線間電圧，V_pを相電圧といい，次のような関係がある．

$$V = \sqrt{3}\, V_p \quad (\text{線間電圧} = \sqrt{3} \times \text{相電圧}) \tag{1.29}$$

　Y回路の電力は1相分の電力の3倍であり，次式のようになる．

$$P = 3 \times V_p I = 3 \times I^2 R = 3 \times \frac{V_p^2}{R} = \sqrt{3}\, VI \tag{1.30}$$

図1.36

2 Δ回路

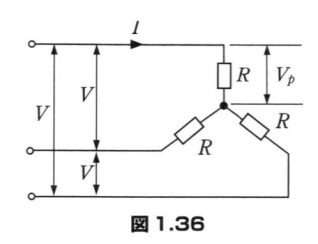

　図1.37のように結線された回路をΔ回路という．電圧Vを線間電圧といい，Δ回路では線間電圧と相電圧が等しい．

　電流Iを線電流，I_pを相電流といい，次のような関係がある．

$$I = \sqrt{3}\, I_p : \text{線電流} = \sqrt{3} \times \text{相電流} \tag{1.31}$$

　Δ回路の電力は1相分の電力の3倍であり，次式のようになる．

$$P = 3 \times V I_p = 3 \times I_p^2 R = 3 \times \frac{V^2}{R} = \sqrt{3}\, VI \tag{1.32}$$

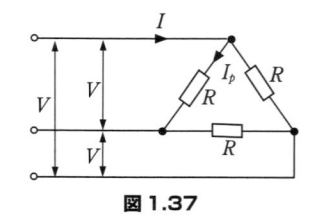

図1.37

3 三相回路の電力・電力量

　三相交流回路における線間電圧を$V\,[\mathrm{V}]$，線電流を$I\,[\mathrm{A}]$，負荷の力率を$\cos\theta$とすると，消費電力$P\,[\mathrm{W}]$，電力量$W\,[\mathrm{W\cdot h}]$は次式で表される．

$$P = \sqrt{3}\, VI\cos\theta \tag{1.33}$$

$$W = Pt = \sqrt{3}\, VI\cos\theta\, t \tag{1.34}$$

Point

　Y回路において，線間電圧 = $\sqrt{3}$ × 相電圧，線電流 = 相電流

　Δ回路において，線間電圧 = 相電圧，線電流 = $\sqrt{3}$ × 相電流

1.7 三相交流回路

例題1

三相200Vの電源に図1.38のような負荷を接続したとき，電流計Ⓐの指示値はいくらか．

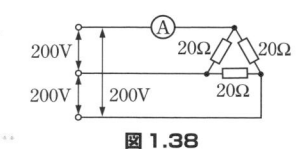

解説

20Ωの抵抗に流れる相電流I_p〔A〕は，
$$I_p = \frac{200}{20} = 10 〔A〕$$
電流計に流れる電流は線電流である．式(1.31)より，
$$I = \sqrt{3}\,I_p = \sqrt{3} \times 10 ≒ 17.3〔A〕$$

図1.38

例題2

図1.39のような三相負荷に三相交流電圧を加えたとき，各線に10Aの電流が流れた．線間電圧〔V〕はいくらか．

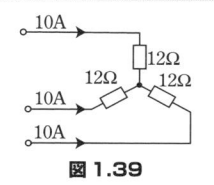

解説

12Ωの抵抗に加わる相電圧V_p〔V〕は，
$$V_p = 12 \times 10 = 120〔V〕$$
式(1.29)より，線間電圧V〔V〕は，
$$V = \sqrt{3}\,V_p = \sqrt{3} \times 120 ≒ 208〔V〕$$

図1.39

問題

問1 図1.40のような回路の電流Iを示す式は．

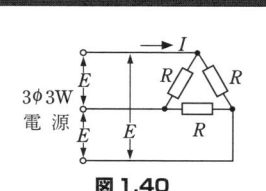

図1.40

イ．$\dfrac{E}{\sqrt{3}\,R}$　　ロ．$\dfrac{E}{R}$　　ハ．$\dfrac{\sqrt{3}\,E}{R}$　　ニ．$\dfrac{E}{\sqrt{3}\,R}$

解説

抵抗Rに流れる相電流I_pは，
$$I_p = \frac{E}{R}〔A〕$$
Δ回路における線電流と相電流の関係式(1.31)より，
$$I = \sqrt{3}\,I_p = \frac{\sqrt{3}\,E}{R}〔A〕$$
となり，正解はハである．

問2

図1.41のような回路の電流 I を示す式は．

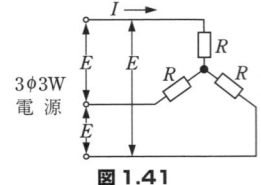

3φ3W電源

図1.41

イ． $\dfrac{E}{2R}$　　ロ． $\dfrac{\sqrt{3}\,E}{R}$　　ハ． $\dfrac{E}{R}$　　ニ． $\dfrac{E}{\sqrt{3}\,R}$

解説

抵抗 R に加わる相電圧 V_p は，式(1.29)より，

$$V_p = \dfrac{E}{\sqrt{3}}\ \mathrm{[V]}$$

線電流 I は抵抗に流れる電流であるので，

$$I = \dfrac{V_p}{R} = \dfrac{E}{\sqrt{3}\,R}\ \mathrm{[A]}$$

となり，正解はニである．

問3

三相誘導電動機を電圧200V，電流10A，力率80％で毎日1時間運転した場合，1ヶ月（30日）間の消費電力量 [kW・h] は．
ただし， $\sqrt{3} = 1.73$ とする．

イ．48　　ロ．75　　ハ．83　　ニ．130

解説

三相誘導電動機の消費電力量 W は，式(1.34)より，

$$W = \sqrt{3}\,VI\cos\theta t = \sqrt{3} \times 200 \times 10 \times 0.8 \times 1 \times 30 \fallingdotseq 83 \times 10^3 = 83\ \mathrm{[kW\cdot h]}$$

となり，正解はハである．

問4

三相誘導電動機を三相交流電圧 V〔V〕，電流 I〔A〕で1日当たり t 時間ずつ運転し，1ヶ月（30日）間で使用電力量が W〔W・h〕となった．この電動機の力率を示す式は．

イ． $\dfrac{V}{I}$　　ロ． $\dfrac{W}{VI}$　　ハ． $\dfrac{W}{30\sqrt{3}\,VIt}$　　ニ． $\dfrac{\sqrt{3}\,VIt}{W}$

解説

1日当たり t 時間ずつ30日間運転したときの三相誘導電動機の消費電力量 W は，式(1.34)より，

$$W = \sqrt{3}\,VI\cos\theta t = \sqrt{3}\,VI\cos\theta t \times 30$$

したがって，力率$\cos\theta$は，
$$\cos\theta t = \frac{W}{30\sqrt{3}VIt}$$
となり，正解はハである．

問5 図1.42の回路の消費電力量〔W〕を示す式は．

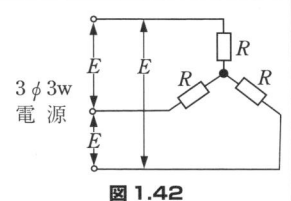

3φ3w電源

イ．$\dfrac{E^2}{3R}$　ロ．$\dfrac{E^2}{2R}$　ハ．$\dfrac{3E^2}{R}$　ニ．$\dfrac{E^2}{R}$

図1.42

解説

抵抗Rに加わる相電圧V_pは，$V_p = E/\sqrt{3}$．したがって1相分の電力P_pは，
$$P_p = \frac{V_p^2}{R} = \frac{(E/\sqrt{3})^2}{R} = \frac{E^2}{3R}\ \text{〔W〕}$$
三相回路の電力Pは1相分の3倍なので，
$$P = 3 \times P_p = 3 \times \frac{E^2}{3R} = \frac{E^2}{R}\ \text{〔W〕}$$
となり，正解はニである．

問6 図1.43のような電源電圧E〔V〕の三相3線式回路において，×印の点で断線すると，断線後のab間の抵抗R〔Ω〕に流れる電流I〔A〕は．

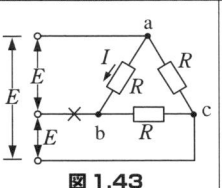

イ．$\dfrac{E}{2R}$　ロ．$\dfrac{E}{\sqrt{3}R}$　ハ．$\dfrac{E}{R}$　ニ．$\dfrac{\sqrt{3}E}{R}$

図1.43

解説

問題の三相回路は，×印点で断線すると図1.44のような回路になる．したがって，ab間に流れる電流I〔A〕は，
$$I = \frac{E}{R+R} = \frac{E}{2R}\ \text{〔A〕}$$
となり，正解はイである．

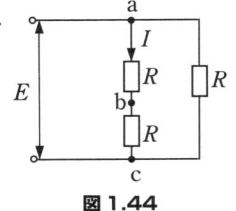

図1.44

2 配電理論及び配線設計

2.1 単相3線式回路と電圧 　重要知識

出題項目 Check!
- □ 単相3線式回路の電圧
- □ 単相3線式回路の断線

1 単相3線式回路の電圧

単相3線式配線とは，図2.1のような配線方式をいう．真ん中の線を中性線といい，B種接地工事が施してある．各線の識別は，中性線は白，外線は黒と赤で表す．各線の電位は，白線は0V，黒線は100V，赤線は-100Vである．したがって，白色の中性線と黒または赤の外線間の電圧は100V，外線間の電圧は200Vである．

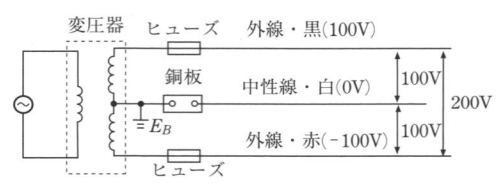

図2.1

単相3線式回路の中性線にはヒューズを入れてはいけないと規定（電技解釈第39条）されており，ヒューズの代わりに銅板が取り付けられている．

1 単相3線式回路の断線

単相3線式回路が断線した場合の負荷の電圧は，次のように計算する．

① 負荷の抵抗値を求める．
　電力の値から抵抗を求める：$R = \dfrac{V^2}{P}$ 　　(2.1)

② 断線した場合の回路図に書き換え，電源電圧と負荷の抵抗値から負荷の電圧を求める．

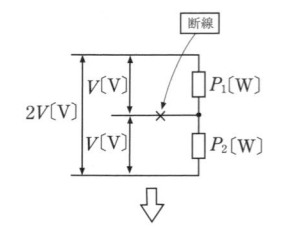

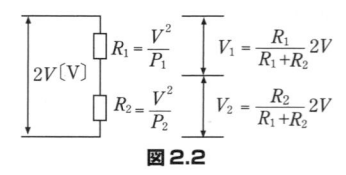

$R_1 = \dfrac{V^2}{P_1}$ 　　$V_1 = \dfrac{R_1}{R_1 + R_2} 2V$

$R_2 = \dfrac{V^2}{P_2}$ 　　$V_2 = \dfrac{R_2}{R_1 + R_2} 2V$

図2.2

Point
① 単相3線式回路で白-黒間，白-赤間の電圧は100V，黒-赤間の電圧は200Vである．
② 単相3線式回路の中性線には，ヒューズを入れてはいけない．

2.1 単相3線式回路と電圧

例題

図2.3のような単相3線式回路において，図中の×印点で断線した場合，ab間の電圧〔V〕はいくらか．ただし，負荷は抵抗負荷とする．

解説

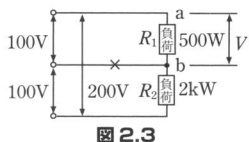

ab間の抵抗R_1，bc間の抵抗R_2は，式(2.1)より

$$R_1 = \frac{100^2}{500} = 20 \ [\Omega] \qquad R_2 = \frac{100^2}{2,000} = 5 \ [\Omega]$$

×印点で断線すると，図2.2と同様にR_1とR_2の直列接続の回路になる．したがって，ab間の電圧V〔V〕は，

$$V = \frac{R_1}{R_1 + R_2} \times 2V = \frac{20}{20+5} \times 200 = 160 \ [V]$$

図2.3

問題

問1	黒，白，赤の3種類の色別電線を使用した単相3線式100/200V屋内配線で，電線相互または電線と大地との電圧の組合せとして，誤っているものは．	イ．黒線と白線間100V，白線と赤線間200V，赤線と黒線間100V ロ．赤線と大地間100V，黒線と大地間100V，白線と大地間0V ハ．白線と大地間0V，赤線と白線間100V，黒線と赤線間200V ニ．黒線と赤線間200V，白線と黒線間100V，赤線と白線間100V
問2	低圧屋内電路の保護装置としてヒューズを取り付けてはならない開閉器の極は．	イ．単相2線式の開閉器の非接地側の極 ロ．単相3線式の開閉器の非接地側の極 ハ．単相3線式の開閉器の中性極 ニ．三相3線式の開閉器の3極
問3	図2.4のような単相3線式回路の1線が図中の×印点で断線した場合，AC間の電圧〔V〕は． 図2.4	イ．0 ロ．33 ハ．50 ニ．100

解答

問1 －イ　　**問2** －ハ　　**問3** －ハ

2.2 単相3線式回路の電圧降下　　重要知識

出題項目 Check!
- 中性線に流れる電流
- 回路の電圧降下
- 電線路の電力損失

1 中性線に流れる電流

中性線に流れる電流は，各負荷に流れる電流の大きさから求める．図2.5の単相3線式回路で，接続点aに流れる込む電流と流れ出る電流は等しいので，

$$I_0 = I_1 - I_2 \, [\text{A}] \tag{2.2}$$

ここで，$I_0 > 0$ なら電流の向きは図の通りで，$I_0 < 0$ なら，電流の向きは図と逆向きになる．

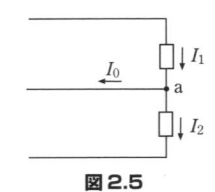

図2.5

2 回路の電圧降下

図2.6のような電線の抵抗が $r\,[\Omega]$ の単相3線式回路の負荷電圧 V_{ab} は，次のように求める．

Iの閉回路でキルヒホッフの法則を用いると，

$$V = rI_1 + V_{\text{ab}} + rI_0 \, [\text{V}]$$

よって，V_{ab} は，

$$V_{\text{ab}} = V - rI_1 - rI_0 \, [\text{V}] \tag{2.3}$$

負荷電圧 V_{bc} は，IIの閉回路でキルヒホッフの法則を用いて，

$$V = -rI_0 + V_{\text{bc}} + rI_2 \, [\text{V}]$$

よって，V_{bc} は，

$$V_{\text{bc}} = V + rI_0 - rI_2 \, [\text{V}] \tag{2.4}$$

図2.6

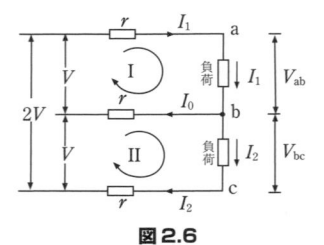

3 電線路の電力損失

電線路の電力損失は，各電線路で消費される電力 I^2r の和を求める．
図2.6の単相3線式電線路の電力損失 $P\,[\text{W}]$ は，次式のようになる．

$$P = I_1^2 r + I_2^2 r + I_0^2 r \, [\text{W}] \tag{2.5}$$

Point

① 単相3線式回路の電圧降下は，キルヒホッフの法則を用いて求める．
② 電路の電力損失は，電線路で消費される電力 I^2r の和を求める．

2.2 単相3線式回路の電圧降下

例題

図2.7のような単相3線式の回路において，ab間の電圧 V_{ab}〔V〕，bc間の電圧 V_{bc}〔V〕はいくらか．

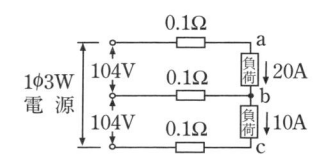

図2.7

解説

接続点bにおいて中性線に流れる電流は，式(2.2)より，図2.8のように右から左へ10Aとなる．

ここで，Iの閉回路でキルヒホッフの法則を用いると，

$$104 = 0.1 \times 20 + V_{ab} + 0.1 \times 10$$

よって，$V_{ab} = 104 - 2 - 1 = 101$〔V〕

IIの閉回路でキルヒホッフの法則を用いると，

$$104 = -0.1 \times 10 + V_{bc} + 0.1 \times 10$$

よって，$V_{bc} = 104 + 1 - 1 = 104$〔V〕

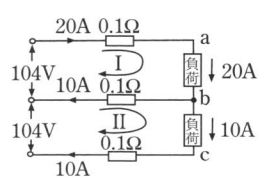

図2.8

問題

	問題		選択肢
問1	図2.9のような単相3線式回路において，ab間の電圧〔V〕は．ただし，rは電線1線当たりの抵抗とし，負荷の力率は100％とする．	図2.9	イ．97 ロ．100 ハ．103 ニ．106
問2	図2.10のような単相3線式回路において，電線1線当たりの抵抗が0.02Ω，負荷に流れる電流がいずれも10Aのとき，この電線路の電力損失〔W〕は．ただし，負荷は抵抗負荷とする．	図2.10	イ．6 ロ．8 ハ．16 ニ．24
問3	図2.11のような単相3線式回路において，電線1線当たりの抵抗が0.2Ω，抵抗負荷に流れる電流がともに10Aのとき，この電線路の電力損失〔W〕は．	図2.11	イ．4 ロ．8 ハ．40 ニ．80

解答

問1 －ハ　　**問2** －ハ　　**問3** －ハ

2.3 配電線路の電圧降下　　　重要知識

出題項目 Check!
- □ 単相2線式電路の電圧降下
- □ 三相3線式電路の電圧降下

1　単相2線式電路の電圧降下

図2.12のような単相2線式電路の電圧降下を求めるには，各電路に流れる電流を求める．抵抗負荷1に流れる電流をI_1，抵抗負荷2に流れる電流をI_2とすると，bc間及びb′c′間に流れる電流はI_1，ab間及びa′b′間に流れる電流はI_1+I_2となる．

したがって，電線1線当たりの抵抗をr〔Ω〕とすると，ab間及びa′b′間の電圧降下は$r(I_1+I_2)$，bc間及びb′c′間の電圧降下はrI_1となる．

したがって，送電電圧V_sと受電電圧V_rの関係は，次式のように表される．

$$V_s = 2r(I_1+I_2) + 2rI_1 + V_r \tag{2.6}$$

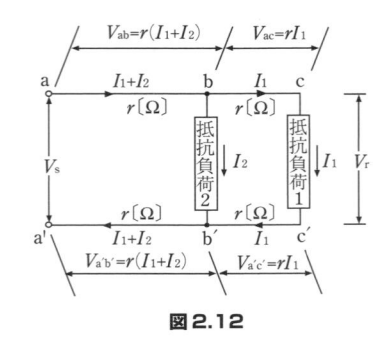

図2.12

2　三相3線式電路の電圧降下

図2.13のような三相3線式電路の電圧降下V〔V〕は，電線路に流れる線電流をI〔A〕，電線1線当たりの抵抗をr〔Ω〕とすると，次式で表される．

$$V = \sqrt{3}\,rI \text{〔V〕} \tag{2.7}$$

したがって，送電電圧V_sと受電電圧V_rの関係は次式のように表される．

$$V_s = V_r + \sqrt{3}\,rI \text{〔V〕} \tag{2.8}$$

電路の電力損失P〔W〕は，各電線で消費される電力の和から，次式で表される．

$$P = 3I^2 r \text{〔W〕} \tag{2.9}$$

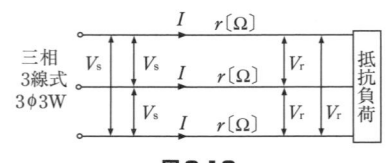

図2.13

Point
① 三相3線式電路の電圧降下V〔V〕は，$V=\sqrt{3}\,rI$である．
② 三相3線式電路の電力損失P〔W〕は，$P=3I^2 r$である．

2.3 配電線路の電圧降下

例題

図2.14のような単相2線式電路で，C-C′間の電圧は100Vであった．A-A′間の電圧[V]はいくらか．ただし，rは電線1線当たりの抵抗とし，負荷の力率は100%とする．

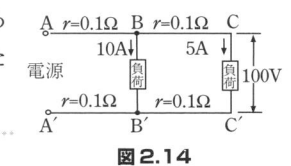

解説

図2.12と同様に，A-A′間の電圧 V_s[V] は式(2.6)より，

$V_s = 2 \times 0.1 \times 15 + 2 \times 0.1 \times 5 + 100 = 104$ [V]

図2.14

問題

			選択肢
問1	図2.15のような単相2線式回路で，cc′間の電圧が100Vの場合，電圧aa′間の電圧[V]は．ただし，rは電線1線当たりの抵抗とし，負荷の力率は100%とする．	図2.15	イ．102 ロ．103 ハ．104 ニ．105
問2	図2.16のような単相2線式配線において電源a点の電圧が105Vの場合，c点の電圧[V]は．ただし，電線1線当たりの抵抗はab間は0.1Ω，bc間は0.4Ωとする．	図2.16	イ．95 ロ．98 ハ．101 ニ．104
問3	図2.17のような交流回路において，電源の電圧[V]は．	図2.17	イ．200 ロ．204 ハ．207 ニ．210
問4	図2.18のような三相交流回路において，電線1線当たりの抵抗が r[Ω]のとき，この電線路の電力損失[W]を示す式は．	図2.18	イ．$3I^2 r$ ロ．$3Ir^2$ ハ．$\sqrt{3}I^2 r$ ニ．$\sqrt{3}Ir$

解答

問1 —ニ　　**問2** —ロ　　**問3** —ハ　　**問4** —イ

2.4 許容電流と電流減少係数 〔重要知識〕

出題項目 Check!
- 電線の種類と許容電流
- 電流減少係数

1 電線の種類と許容電流

電線には，金属線1本を導体とする単線と幾本かの金属線をより合わせたより線があり，単線は電線の直径〔mm〕で，より線は断面積〔mm²〕で表す．

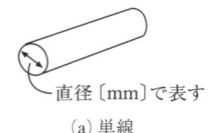

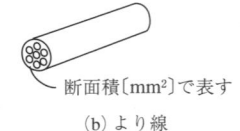

図2.19 (a) 単線 — 直径〔mm〕で表す　(b) より線 — 断面積〔mm²〕で表す

各電線には流してよい許容電流が決められており，表2.1は600Vビニル絶縁電線（IV線）の場合の値である．

表2.1 IV線の許容電流（周囲温度30℃以下）

① 単線の場合

直径〔mm〕	許容電流〔A〕
1.6	27
2.0	35
2.6	48
3.2	62

② より線の場合

断面積〔mm²〕	許容電流〔A〕	素線数〔本/mm〕
5.5	49	7/1.0
8	61	7/1.2
14	88	7/1.6

2 電流減少係数

絶縁電線をVVケーブル並びに電線管に収めて使用する場合は，表2.1の許容電流に表2.2の電流減少係数を乗じた値を許容電流の値とする．

たとえば，1.6mmの絶縁電線を4本金属管に挿入して使用する場合，許容電流は，

$$27 \times 0.63 ≒ 17〔A〕$$

となる．また，VVケーブルの場合は，電線数3以下の0.70が係数として適用される．

表2.2 電流減少の係数

同一管内の電線数	電流減少係数
3以下	0.70
4	0.63
5または6	0.56
7以上15以下	0.49
16以上40以下	0.43
41以上60以下	0.39
61以上	0.34

Point

① 許容電流の値は，すべて暗記しておこう．
② 電流減少係数は，試験にはよく出題される「5または6」の場合まで暗記しておこう．係数は3本以下の0.70を基準に，0.07ずつ減少している．
③ ケーブルにも電流減少係数は用いられる．

2.4 許容電流と電流減少係数

例題

金属管工事で，同一管内に直径1.6mmの600Vビニル絶縁電線（軟銅線）6本を挿入して施設した場合，電線1本当たりの許容電流〔A〕はいくらか．

ただし，周囲温度は30℃以下で，電流減少係数は0.56とする．

解説

1.6mmの絶縁電線の許容電流は27Aである．金属管に6本挿入したときの許容電流は，電流減少係数が0.56なので27A × 0.56 ≒ 15Aとなる．

問題

問1	合成樹脂可とう電線管（PF管）による低圧屋内配線工事で，管内に直径1.6mmの600Vビニル絶縁電線2本を収めて施設した場合，電線の許容電流〔A〕は．ただし，周囲の温度は30℃以下とする．	イ. 19 ロ. 22 ハ. 24 ニ. 27
問2	600Vビニル絶縁ビニルシースケーブル平形（VVF），3心，太さ2.0mmの許容電流〔A〕は．ただし，周囲温度は30℃以下とする．	イ. 22 ロ. 24 ハ. 27 ニ. 35
問3	合成樹脂管工事で，同一管内に直径1.6mmの600Vビニル絶縁電線（銅導体）4本を挿入して施設した場合，電線1線当たりの許容電流〔A〕は．ただし，周囲の温度は30℃以下とする．	イ. 17 ロ. 19 ハ. 22 ニ. 24
問4	金属管工事で，同一管内に直径1.6mmの600Vビニル絶縁電線（銅導線）5本を挿入して施設した場合，電線1本当たりの許容電流〔A〕は．ただし，周囲の温度は30℃以下とする．	イ. 15 ロ. 17 ハ. 19 ニ. 20
問5	合成樹脂製可とう電線管（PF管）による工事で，管内に断面積5.5mm^{2}の600Vビニル絶縁電線（銅導体）5本を収めて施設した場合，電線1本当たりの許容電流〔A〕は．ただし，電流減少係数は0.56，周囲温度は30℃以下とする．	イ. 15 ロ. 19 ハ. 27 ニ. 49

解答

問1 - イ　　問2 - ロ　　問3 - イ　　問4 - イ　　問5 - ハ

2.5 分岐回路　　　　　　　　　　　　　　　　　　　　　　　重要知識

出題項目 Check!

- □ 分岐回路における過電流遮断器の容量と電線の太さ
- □ 正しい分岐回路の見分け方

1 分岐回路における過電流遮断器

分岐回路における過電流遮断器の容量，電線の太さ，コンセントの容量は，図2.20のように規定されている（電技解釈第171条）．

過電流遮断器とは，配線用遮断器（ブレーカ）やヒューズのことをいう．20Aの分岐回路では，ブレーカとヒューズでは電線の太さ，コンセントの容量が異なる．

過電流遮断器	電線	コンセント
15Aの過電流遮断器	1.6 mm 以上	15A
20Aのブレーカ	1.6 mm 以上	15A, 20A
20Aのヒューズ	2.0 mm 以上	20A
30Aの過電流遮断器	2.6 mm 以上	20A, 30A
40Aの過電流遮断器	$8\,\text{mm}^2$ 以上	30A, 40A

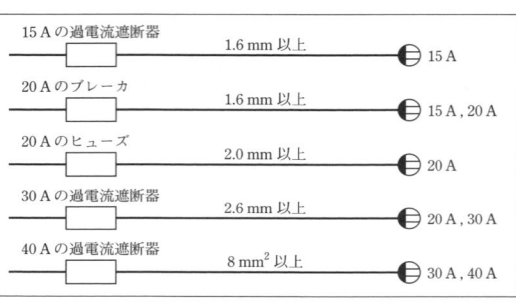

図2.20

2 正しい分岐回路の見分け方

工事士の試験では，正しい分岐回路の図，または誤っている図を選択する問題がよく出題される．解答の仕方は，次のような手順で行う．

① 分岐回路の過電流遮断器の容量とコンセントの容量を比べる．

分岐回路では，過電流遮断器の容量より大きい容量のコンセントは施設できない．15Aの過電流遮断器には15A，30Aの過電流遮断器では30Aか20A，40Aの過電流遮断器では40Aか30Aのコンセントが施設できる．20Aの過電流遮断器についてはブレーカとヒューズでコンセントの容量が異なるので気を付ける．

② 分岐回路の過電流遮断器の容量と電線の太さを比べる．

電線の太さは，15Aの過電流遮断器から順に，15Aで直径1.6mm，20Aで2.0mm，30Aで2.6mm，40Aで断面積8mm²となる．ここでも20Aのブレーカは感度がよいので，15Aの過電流遮断器の1.6mmと同じになることに注意する．

Point

過電流遮断器の容量とコンセントの容量の関係，過電流遮断器の容量と電線の太さの関係は暗記しよう．

2.5 分岐回路

例題

低圧屋内配線の分岐回路において，配線用遮断器，分岐回路の電線太さおよびコンセントの組合せとして，適切なものはどれか．

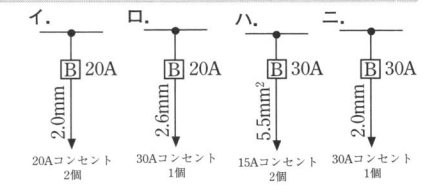

イ． B 20A / 2.0mm / 20Aコンセント 2個
ロ． B 20A / 2.6mm / 30Aコンセント 1個
ハ． B 30A / 5.5mm² / 15Aコンセント 2個
ニ． B 30A / 2.0mm / 30Aコンセント 1個

解説

ブレーカの容量とコンセントの容量を比べると，ロとハは誤りである．次に，ブレーカの容量と電線の太さを比べると，ニは誤りで，イが正解となる．

問題

問1　図2.21のような定格電流30Aの過電流遮断器で保護された低圧屋内分岐回路がある．コンセントに至る長さ10mのⓐの部分で使用できる電線の最小太さは．
ただし，電線は600Vビニル絶縁ビニル外装ケーブルとする．

図2.21：B 30A → ⓐ → 30A

イ．直径1.6mm
ロ．直径2.0mm
ハ．直径2.6mm
ニ．断面積8mm²

問2　低圧屋内配線の分岐回路の設計で，配線用遮断器の定格とコンセントの組み合わせとして，不適切なものは．

イ．B 20A / 15Aコンセント 2個
ロ．B 20A / 20Aコンセント 1個
ハ．B 30A / 15Aコンセント 2個
ニ．B 30A / 30Aコンセント 1個

問3　定格電流30Aの配線用遮断器で保護される分岐回路の電線（軟銅線）の太さと，接続されるコンセントの記号の組み合わせとして，適切なものは．

イ．直径2.0mm / 30A
ロ．直径2.6mm / 2個
ハ．断面積5.5mm² / 20A 2個
ニ．断面積8mm² / 2個

解答

問1 －ハ　　**問2** －ハ　　**問3** －ハ（コンセントに容量の傍記のないものは15A用である．配線問題のp.154 表14.8⑤参照）

第2章　配電理論及び配線設計

2.6 過電流遮断器の性能 【重要知識】

出題項目 Check!
- ☐ ヒューズの性能
- ☐ 配線用遮断器の性能

過電流遮断器には，ヒューズと配線用遮断器（ブレーカ）がある．その性能は，以下のとおりである．

1 ヒューズの性能

ヒューズの性能は，以下のとおりである（電技解釈第37条）．
① ヒューズは，定格電流の**1.1倍**に耐えること．
② ヒューズは，定格電流の**1.6倍**及び**2倍**の電流が流れた場合，次の時間以内で溶断すること．

表2.3

定格電流	定格電流の1.6倍	定格電流の2倍
30A以下	60分	2分
30Aを超え60A以下	60分	4分

2 配線用遮断器の性能

配線用遮断器の性能は，以下のとおりである（電技解釈第37条）．
① 配線用遮断器は，定格電流の**1倍**に耐えること．
② 配線用遮断器は，定格電流の**1.25倍**及び**2倍**の電流が流れた場合，次の時間以内で動作すること．

表2.4

定格電流	定格電流の1.25倍	定格電流の2倍
30A以下	60分	2分
30Aを超え50A以下	60分	4分

例題

100V回路で1kW電熱器3台と100W電球10個を同時に使用したとき，その電路を保護するために設けられた定格20Aの配線用遮断器が動作するまでの時間の限度はいくらか．

解説

1kW電熱器3台と100W電球10個が消費する電力P〔W〕は，
$$P = 1,000 \times 3 + 100 \times 10 = 4,000 \text{〔W〕}$$

100V回路に流れる電流I〔A〕は，
$$I = \frac{P}{V} = \frac{4,000}{100} = 40 \text{〔A〕}$$

2.6 過電流遮断器の性能

となる．したがって，定格20Aの配線用遮断器に2倍の40Aの電流が流れるので，2分以内に動作しなければならない．よって，動作するまでの限度は2分である．

Point
① ヒューズと配線用遮断器では，溶断・動作時間の性能は同じである．
② 定格電流の1.6倍と1.25倍，1.1倍と1.0倍の違いに注意しよう．

問題

問1 低圧電路に使用する定格電流40Aのヒューズに80Aの電流が流れたとき，溶断しなければならない時間〔分〕の限度（最大時間）は．
イ．3　　ロ．4
ハ．6　　ニ．8

問2 定格電流が40Aの配線用遮断器に50Aの電流が流れた場合，自動的に動作しなければならない最大の時間〔分〕は．
イ．20　　ロ．30
ハ．60　　ニ．120

問3 100V回路で1,100Wの電熱器1台を使用したとき，その電路に設けられた定格電流10Aのヒューズの性能として，適切なものは．
イ．1分以内に溶断すること．
ロ．2分以内に溶断すること．
ハ．60分以内に溶断すること．
ニ．溶断しないこと．

問4 低圧電路に使用する定格電流20Aの配線用遮断器に40Aの電流が流れたとき，この配線用遮断器が自動的に動作しなければならない時間〔分〕の限度は．
イ．1　　ロ．2
ハ．3　　ニ．4

問5 100V回路で，600Wの電熱器1台，500Wのアイロン1台を同時に使用したとき，その電路を保護するために設けられた定格電流10Aのヒューズの性能として適切なものは．
イ．溶断しないこと
ロ．1分以内に溶断すること
ハ．2分以内に溶断すること
ニ．60分以内に溶断すること

解答
問1 ─ ロ　　問2 ─ ハ　　問3 ─ ニ　　問4 ─ ロ　　問5 ─ イ

2.7 過電流遮断器の定格電流

重要知識

出題項目 Check!

□ 過電流遮断器の定格電流の求め方

1 過電流遮断器の定格電流 I_B の求め方 （電技解釈第170条）

図2.22のように負荷が電動機と電熱器の分岐回路からなる幹線に接続された過電流遮断器の定格電流 I_B〔A〕は，次式のように求める．

$I_B = I_H$（電熱器の定格電流の合計）$+ I_M$（電動機の定格電流の合計）$\times 3$　　　(2.10)

ただし，電流 I_B が幹線の許容電流 I〔A〕を2.5倍した値を超える場合は，幹線の許容電流を2.5倍した値が定格電流となる．

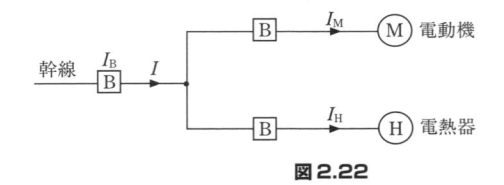

図2.22

例題

図2.23のように，電動機 Ⓜ と電熱器 Ⓗ が幹線に接続されている場合，低圧屋内幹線を保護する①で示す過電流遮断器の定格電流の最大値はいくらか．

ただし，幹線の許容電流は49Aで，需要率は100％とする．

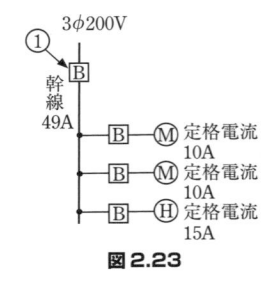

図2.23
（3φ200V，幹線49A，定格電流10A Ⓜ，定格電流10A Ⓜ，定格電流15A Ⓗ）

解説

式(2.10)より，幹線の定格電流 I_B は，電動機の定格電流を3倍して，

$I_B = I_H + I_M \times 3 = 15 + (10 + 10) \times 3 = 75$〔A〕

となる．幹線の許容電流49Aを2.5倍すると122.5Aとなり，I_B はこの値を超えていないので，75Aが定格電流となる．

Point

幹線の定格電流：$I_B = I_H + I_M \times 3$
モータの定格電流を3倍することを覚えておこう．

2.7 過電流遮断器の定格電流

問題

問1 図2.24のような電熱器Ⓗ1台と電動機Ⓜ2台が接続された単相2線式の低圧屋内幹線がある．幹線に施設しなければならない過電流遮断器の定格電流を決定する根拠となる電流 I_B〔A〕は．

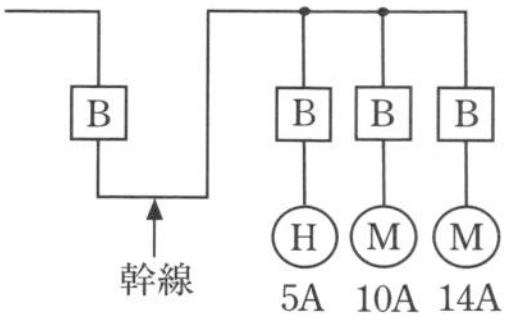

図2.24

イ．35
ロ．29
ハ．77
ニ．33

問2 定格電圧200V，定格電流がそれぞれ17A及び8Aの三相電動機各1台を接続した低圧屋内幹線を保護する過電流遮断器の定格電流の最大値〔A〕は．ただし，この幹線の許容電流は42Aとする．

イ．20
ロ．30
ハ．75
ニ．100

問3 定格電圧200V，定格電流17Aの三相誘導電動機1台に至る屋内配線を保護する過電流遮断器の定格電流の最大値〔A〕は．ただし，この屋内配線の許容電流は24Aとする．

イ．30
ロ．50
ハ．75
ニ．100

問4 定格電流15Aの電動機2台と，定格電流10Aの電熱器1台を接続した低圧屋内幹線を保護する過電流遮断器の定格電流の最大値〔A〕は．ただし，幹線の許容電流は80Aとする．

イ．100
ロ．150
ハ．200
ニ．250

問5 定格電流30Aの電動機1台と，定格電流5Aの電熱器2台を接続した低圧屋内幹線を保護する過電流遮断器の定格電流の最大値〔A〕は．ただし，幹線の許容電流は61Aとする．

イ．50
ロ．100
ハ．150
ニ．200

解答

問1 ─ ハ　　**問2** ─ ハ　　**問3** ─ ロ　　**問4** ─ イ　　**問5** ─ ロ

2.8 幹線の許容電流　　重要知識

出題項目 Check!

□ 幹線の許容電流の求め方

1 幹線の許容電流の求め方（電技解釈第170条）

図2.25のような負荷が電動機と電熱器の分岐回路からなる幹線の許容電流I〔A〕は，次のように求める．

① 電動機の定格電流が50A以下の場合

$I =$（電熱器の定格電流の合計）
　　　　　＋（電動機の定格電流の合計）× **1.25**

$= (I_{H1} + I_{H2}) + (I_{M1} + I_{M2}) \times$ **1.25**　　　(2.11)

② 電動機の定格電流が50Aを超える場合

$I =$（電熱器の定格電流の合計）＋（電動機の定格電流の合計）× **1.1**

$= (I_{H1} + I_{H2}) + (I_{M1} + I_{M2}) \times$ **1.1**　　　(2.12)

ただし，需要率等が明らかな場合は，その値を考慮する．

図2.25

例題

図2.26のような電動機Ⓜと電熱器Ⓗに電力を供給する低圧屋内幹線がある．この幹線の電線の太さを決める根拠となる電流の最小値〔A〕はいくらか．

ただし，需要率は100％とする．

解説

電動機の定格電流の合計は，

$30 + 30 = 60$〔A〕

となり，幹線の許容電流は式(2.12)を用いて求める．

$I = 20 + (30 + 30) \times 1.1 = 86$〔A〕

幹線の電線の太さを決める根拠となる電流の最小値（許容電流）は，86Aである．

図2.26（3φ200w，幹線，Ⓜ定格電流30A，Ⓜ定格電流30A，Ⓗ定格電流20A）

Point

① 許容電流は，電動機の電流が50A以下と50Aを超える場合で求め方が分かれる．
② 50A以下は電動機の定格電流を1.25倍，50Aを超える場合は1.1倍する．

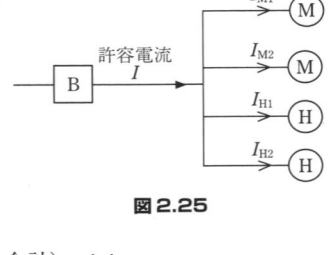

2.8 幹線の許容電流

問題

問1 図2.27のような電熱器 Ⓗ 1台と電動機 Ⓜ 2台が接続された単相2線式の低圧屋内幹線がある．この幹線の太さを決定する根拠となる電流〔A〕は．

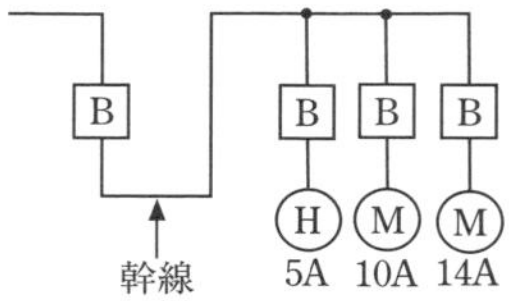

図2.27

イ．29
ロ．31
ハ．35
ニ．77

問2 定格電流8Aの電動機8台に1回線の低圧屋内幹線を供給する場合，その幹線の太さを決める根拠となる電流の最小値〔A〕は．
ただし，需要率は75％とする（需要率とは，設備容量に対して，実際に使用されている機器の割合をいう）．

イ．45
ロ．53
ハ．60
ニ．70

問3 定格電流10Aの電動機10台に1回線の低圧屋内幹線で電力を供給する場合，その幹線の太さを決める根拠となる電流の最小値〔A〕は．
ただし，需要率は80％とする（需要率とは，設備容量に対して，実際に使用されている機器の割合をいう）．

イ．88
ロ．100
ハ．110
ニ．138

問4 図2.28のように三相電動機と三相電熱器が幹線に接続されている場合，幹線の太さを決める根拠となる電流の最小値〔A〕は．ただし，需要率は100％とする．

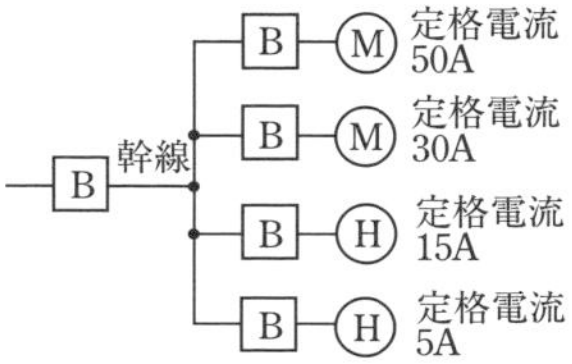

図2.28

イ．100
ロ．108
ハ．115
ニ．120

解答

問1 -ハ　　**問2** -ハ　　**問3** -イ　　**問4** -ロ

2.9 分岐回路における開閉器の省略 　　重要知識

出題項目 Check!

□ 分岐回路における開閉器の省略

1 分岐回路における開閉器の省略（電技解釈第171条）

分岐回路には，分岐点から3m以内に開閉器及び過電流遮断器を施設しなければならない．ただし，以下の場合はその位置を変更することができる．

① 分岐回路の許容電流が幹線を保護する過電流遮断器の定格電流の55％以上の場合，省略できる．

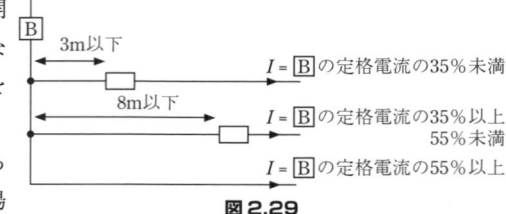

② 分岐回路の許容電流が幹線を保護する過電流遮断器の定格電流の35％以上の場合，その位置は8m以下となる．

図2.29

例題

図2.30のように，定格電流50Aの過電流遮断器で保護されている低圧屋内幹線から，太さ2.0mmのVVFケーブル（許容電流は24A）で分岐する場合，ab間の長さの最大値〔m〕はいくらか．ただし，低圧屋内幹線に接続される負荷は，電灯負荷とする．

解説

原則として分岐回路は，分岐点から3m以内に開閉器及び過電流遮断器を施設しなければならない．

しかし，この分岐回路の許容電流は24Aで，これは幹線の過電流遮断器の定格容量50Aの48％である．したがって，幹線の過電流遮断器の定格電流の35％以上55％未満に該当し，ab間の距離は8m以下とすることができる．よって，ab間の最大値は8mとなる．

図2.30

Point

分岐回路の過電流遮断器は原則3m，35％以上55％未満は8m，それ以上は省略できる．

2.9 分岐回路における開閉器の省略

問題

問1 図2.31のように，定格電流150Aの過電流遮断器で保護されている低圧屋内幹線から，太さ$5.5mm^2$のVVRケーブル（許容電流は34A）で分岐する場合，ab間の長さの最大値[m]は．
ただし，低圧屋内幹線に接続される負荷は，電灯負荷とする．

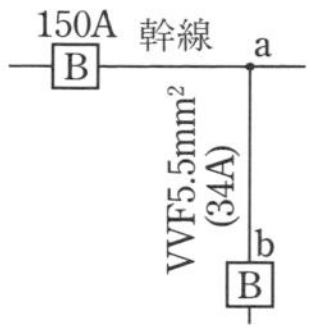

図2.31

イ．3
ロ．5
ハ．8
ニ．10

問2 図2.32のような定格電流150Aの過電流遮断器を施設した低圧屋内幹線から分岐して過電流遮断器を施設するとき，ab間の電線の許容電流の最小値[A]は．

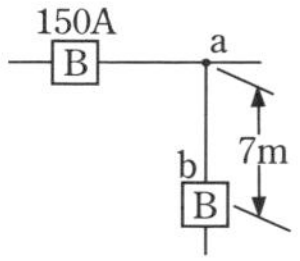

図2.32

イ．40
ロ．53
ハ．63
ニ．83

問3 図2.33のような定格電流125Aの過電流遮断器を施設した低圧屋内幹線から分岐して，過電流遮断器を施設するとき，ab間の電線の許容電流の最小値[A]は．

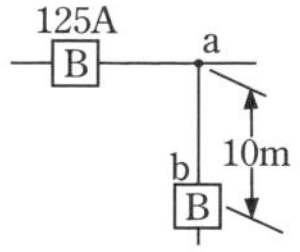

図2.33

イ．44
ロ．57
ハ．69
ニ．89

問4 定格電流50Aの過電流遮断器で保護された低圧屋内配線から，太さ2.0mm（許容電流24A）で幹線を分岐する場合，分岐点から配線用遮断器を施設する位置までの最大長さ[m]は．
ただし，低圧屋内幹線に接続される負荷は，電灯負荷とする．

イ．3
ロ．5
ハ．8
ニ．10

問5 定格電流100Aの過電流遮断器で保護された低圧屋内配線から，太さ2.6mmの電線（許容電流33A）で分岐回路を施設する場合，分岐点から配線用遮断器を施設する位置までの最大長さ[m]は．
ただし，低圧屋内幹線に接続される負荷は，電灯負荷とする．

イ．3
ロ．5
ハ．8
ニ．10

解答

問1→イ　**問2**→ロ　**問3**→ハ　**問4**→ハ　**問5**→イ

3 電気工事の施工方法

3.1 施設場所による工事の種類　重要知識

出題項目 Check!
- □ 施設場所と工事の種類
- □ 粉じんの多い場所での工事

1 施設場所と工事の種類（電技解釈第174条）

　低圧屋内配線の施設場所には，展開した場所，点検できる隠ぺい場所，点検できない隠ぺい場所の三つがあり，それぞれ表3.1に示すような配線工事の方法がある．

表3.1

工事法＼施設場所	展開した場所 乾燥した場所	展開した場所 その他の場所	点検できる隠ぺい場所 乾燥した場所	点検できる隠ぺい場所 その他の場所	点検できない隠ぺい場所 乾燥した場所	点検できない隠ぺい場所 その他の場所
がいし引き工事	◎	◎	◎	◎	×	×
合成樹脂線ぴ工事	○	×	○	×	×	×
合成樹脂管工事	◎	◎	◎	◎	◎	◎
金属管工事	◎	◎	◎	◎	◎	◎
金属線ぴ工事	○	×	○	×	×	×
2種可とう電線管工事	◎	◎	◎	◎	◎	◎
1種可とう電線管工事	●	×	●	×	×	×
金属ダクト工事	◎	×	◎	×	×	×
バスダクト工事	◎	×	◎	×	×	×
フロアダクト工事	×	×	×	×	○	×
セルラダクト工事	×	×	×	×	○	×
ライティングダクト工事	○	×	○	×	×	×
平形保護層工事	×	×	○	×	×	×
ケーブル工事	◎	◎	◎	◎	◎	◎

- ×：施工できない
- ◎：すべて施工できるもの
- ○：300V以下で施工できるもの
- ●：300V以下（ただし，電動機に至る可とう性の必要な部分には600V以下で使用できる）

Point
　ケーブル工事，金属管工事，合成樹脂管工事，2種可とう電線管工事の四つは，すべての場所で施工できる．試験で，施設場所による工事方法を選択する問題が出題されたら，選択肢にこの四つがあるか探し，消去法で答を見つけよう．

2 粉じんの多い場所での工事（電技解釈第192条）

① 可燃性粉じん（小麦粉，でん粉など）の多い場所
　　　ケーブル工事，金属管工事，合成樹脂管工事
② 爆燃性粉じん（マグネシウム，アルミニウムなど）または火薬類の粉末が存在する場所
　　　ケーブル工事，金属管工事

3.1 施設場所による工事の種類

問題

問1	単相100Vの屋内配線で，湿気の多い展開した場所において施設できる工事の種類として，適切なものは．	イ．金属ダクト工事 ロ．金属線ぴ工事 ハ．ライティングダクト工事 ニ．金属管工事
問2	湿気の多い展開した場所の三相3線式200V屋内配線工事として，不適切なものは．	イ．合成樹脂管工事 ロ．金属ダクト工事 ハ．金属管工事 ニ．ケーブル工事
問3	可燃性粉じんの多い場所における低圧屋内配線工事の種類で，誤っているものは．	イ．金属線ぴ工事 ロ．金属管工事 ハ．合成樹脂管工事 ニ．ケーブル工事
問4	乾燥した点検できない隠ぺい場所の低圧屋内配線工事方法で，適切なものは．	イ．金属ダクト工事 ロ．バスダクト工事 ハ．合成樹脂管工事 ニ．がいし引き工事
問5	100Vの屋内配線の施設場所による工事の種類で，適切なものは．	イ．点検できない隠ぺい場所であって，乾燥した場所の金属線ぴ工事 ロ．点検できる隠ぺい場所であって，乾燥した場所のライティングダクト工事 ハ．点検できる場所であって，湿気の多い場所の金属ダクト工事 ニ．点検できる隠ぺい場所であって，湿気の多い場所の合成樹脂線ぴ工事
問6	低圧屋内配線で湿気のある展開した場所において施設できる工事の方法で適切なものは．	イ．金属ダクト工事 ロ．金属線ぴ工事 ハ．1種金属製可とう電線管を使用した可とう電線工事 ニ．金属管工事

解答

問1 ーニ　　**問2** ーロ　　**問3** ーイ　　**問4** ーハ　　**問5** ーロ　　**問6** ーニ

3.2 ケーブル工事 　重要知識

出題項目 Check!
☐ ケーブル工事の施設方法

1 ケーブル工事による低圧屋内配線

ケーブル工事による低圧屋内配線は，次のように施設する（電技解釈第187条）．

① 重量物の圧力または著しい機械的衝撃を受けるおそれがある場所にケーブルを施設してはいけない．ただし，適当な**防護装置**（金属管，ガス鉄管，合成樹脂管など）に収める場合は，この限りではない．

② 十分な太さの保護装置に収める場合以外は，床，壁，天井，柱などに直接ケーブルを埋め込んではいけない．

③ ケーブルを直接コンクリートに埋め込んで施設する場合，MIケーブル，コンクリート直埋用ケーブルを使用する．**600Vビニル外装ケーブル（VVF）**などは，**直接コンクリートに埋め込んで施設してはいけない**．

④ ケーブルの支持点間の距離（図3.1）．
- 電線を造営材の下面または側面に沿って取り付ける場合は，**2m以下**．
- 人が触れるおそれがない場所において垂直に取り付ける場合は，**6m以下**．
- キャブタイヤケーブルにあっては**1m以下**．

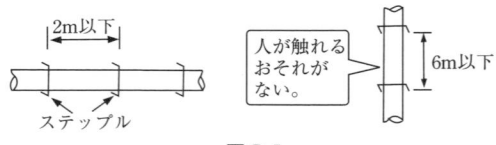

図3.1

⑤ ケーブルを曲げる場合は，被覆を損傷しないようにし，その屈曲部の内側の半径はケーブルの**外径の6倍以上**とする（図3.2）．

⑥ ケーブルが弱電流電線，水道管，ガス管などと接近または交さする場合，**接触しないように施設する**（**がいし引き工事以外の電線も同じ規定である**）（図3.3）．

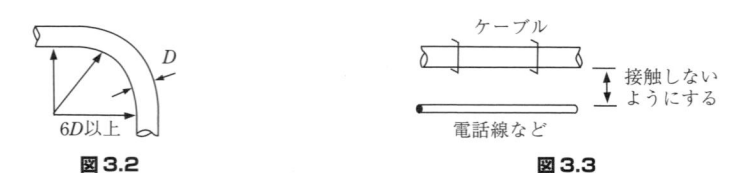

図3.2　6D以上

図3.3

Point

工事士の試験には，支持点間の距離が多く出題されている．水平の場合は2m，垂直で人が触れるおそれがない場合は6mとなっているので，しっかり暗記しておこう．

3.2 ケーブル工事

問題

問1	600Vビニル絶縁ビニル外装ケーブルを用いたケーブル工事として，適切なものは．	イ．人の触れるおそれのない場所で，造営材の側面に沿って垂直に取り付け，その支持点間の距離を6mとした． ロ．丸形ケーブルを屈曲部の内側の半径をケーブルの外径の3倍として曲げた． ハ．建物のコンクリート壁の中に直接埋設した（臨時配線工事の場合を除く）． ニ．金属製遮へい層のない電話用弱電流電線と一緒に同一の合成樹脂管に収めた．
問2	600Vビニル外装ケーブルを造営材の下面に沿って取り付ける場合，ケーブルの支持点間の距離の最大値〔m〕は．	イ．1.5　　ロ．2 ハ．3　　　ニ．6
問3	600Vビニル外装ケーブルを造営材の側面に沿って水平方向に取り付ける場合，ケーブルの支持点間の距離の最大値〔m〕は．	イ．1.0　　ロ．1.5 ハ．2.0　　ニ．2.5
問4	ケーブル工事による低圧屋内配線で，ケーブルと水道管が接近する場合，正しいものは．	イ．接触しないように施設しなければならない． ロ．接触してもよい． ハ．6cm以上離さなければならない． ニ．12cm以上離さなければならない．
問5	600Vビニルシースケーブル丸形（VVR）を人が触れるおそれがない場所において垂直に取り付ける場合，電線の支持点間の距離〔m〕の最大値は．	イ．1.5　　ロ．2 ハ．3　　　ニ．6

解答

問1 —イ　　問2 —ロ　　問3 —ハ　　問4 —イ　　問5 —ニ

3.3 金属管工事　　　　　　　　　　　　　　　　　　　　　　　　　　重要知識

出題項目 Check!
- □ 金属管工事の施設方法とD種接地工事の省略
- □ 磁気的平衡

1 金属管工事による低圧屋内配線

金属管工事による低圧屋内配線は，次のように施設する（電技解釈第178条）．
① 電線は，絶縁電線(**屋外用ビニル絶縁電線を除く**)であること．
② 電線は，**直径3.2mm**（アルミ線にあっては4mm）以下，または**より線**であること．
③ **金属管内では，電線に接続点を設けない．**
④ コンクリートに埋め込む管の厚さは，**1.2mm以上**であること．
⑤ 管の端口には，電線の被覆を損傷しないように適当な構造の**ブッシング**を使用する．
⑥ 管を曲げる場合は，管の曲げ半径は管の内径の**6倍以上**とする．
⑦ 金属管には，**3箇所**を超える直角またはこれに近い屈曲箇所を設けない
⑧ 湿気の多い場所または水気のある場所に施設する場合は，**防湿装置**を施す．
⑨ 低圧屋内配線の使用電圧が300V以下の場合は，管には**D種接地工事**を施す．
⑩ 低圧屋内配線の使用電圧が300Vを超える場合は，管には**C種接地工事**を施す．

2 D種接地工事の省略

次の場合，D種接地工事を省略することができる．
① **使用電圧が300V以下**で，管の長さが**4m以下**のものを乾燥した場所に施設する場合．
② 使用電圧が直流300Vまたは交流対地電圧**150V以下**の場合において，その電線を収める管の長さが**8m以下**のものを人が容易に触れるおそれがないように施設するとき，または乾燥した場所に施設するとき．

3 磁気的平衡

交流回路においては，1回線の電線全部を同一管内に収めること．

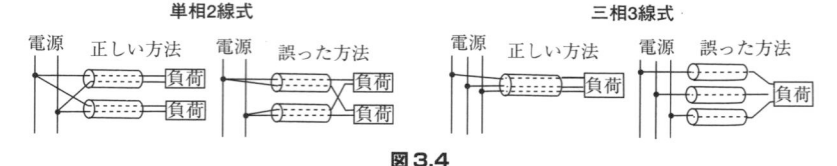

単相2線式　　　　　　　　　三相3線式
電源　正しい方法　電源　誤った方法　　電源　正しい方法　電源　誤った方法

図3.4

Point

金属管工事では，接地工事を行う．しかし，接地工事を省略できる場合がある．工事の試験では，この例外が出題されることが多い．

3.3 金属管工事

問題

問1	低圧屋内配線を金属管工事で行う場合，使用できない電線は．	イ．引込用ビニル絶縁電線(DV) ロ．600Vゴム絶縁電線(RB) ハ．600Vビニル絶縁電線(IV) ニ．屋外用ビニル絶縁電線(OW)
問2	金属管工事で金属管の接地工事を省略できるものは．	イ．乾燥した場所の100Vの配線で，管の長さが6mのもの． ロ．湿気のある場所の三相200Vの配線で，管の長さが6mのもの． ハ．乾燥した場所の400Vの配線で，管の長さが6mのもの． ニ．湿気のある場所の100Vの配線で，管の長さが10mのもの．
問3	三相3線式200V屋内配線を金属管工事で施工した．適切なものは．	イ．管の長さが10mのものを施設しD種接地工事を省略した． ロ．管の曲げ半径を管内径の3倍とした． ハ．厚さ1.2mmの管をコンクリートに埋め込んだ． ニ．管内の絶縁電線に接続点を設けた．
問4	電線を電磁的不平衡を生じないように金属管に挿入する方法として，適切なものは．	イ．(電源 単相2線式 → 負荷) ロ．(電源 単相2線式 → 負荷) ハ．(電源 三相3線式 → 負荷) ニ．(電源 三相3線式 → 負荷)
問5	三相3線式200Vの金属管工事で，正しいものは．	イ．厚さ1mmの管をコンクリートに埋め込んだ． ロ．金属管工事からがいし引き工事に移る部分の管の端口に絶縁ブッシングを使用した． ハ．管の曲げ半径を管の内径の3倍にして曲げた． ニ．乾燥した場所に管の長さが10mのものを施設し，接地工事を省略した．

解答

問1 ーニ　　問2 ーイ　　問3 ーハ　　問4 ーイ　　問5 ーロ

3.4 合成樹脂管工事　　重要知識

出題項目 Check!
- □ 合成樹脂管工事の施設方法

1 合成樹脂管工事による低圧屋内配線

合成樹脂管工事による低圧屋内配線は，次のように施設する(電技解釈第177条).

① 電線は，絶縁電線(**屋外用ビニル絶縁電線を除く**)であること．
② 電線は，**直径3.2mm**(アルミ線にあっては4mm)以下，または**より線**であること．
③ **合成樹脂管内では，電線に接続点を設けない．**
④ 管相互及び管とボックスとは，管の差し込み深さを管の外径の**1.2倍**(接着剤を使用する場合は**0.8倍**)以上とし，かつ，差し込み接続により堅ろうに接続する(図3.5).

図3.5　差し込み深さ1.2D以上（接着剤を使用すれば0.8D）　合成樹脂管　TSカップリング　合成樹脂管

⑤ 管の支持点間の距離は**1.5m以下**とする(図3.6).

図3.6　1.5m以下　合成樹脂管　サドル

⑥ 湿気の多い場所または水気のある場所に施設する場合は，**防湿装置**を施す．
⑦ 低圧屋内配線の使用電圧が300V以下の場合において，合成樹脂管を金属製のボックスに接続して使用するときは，ボックスに**D種接地工事**を施す．
⑧ 低圧屋内配線の使用電圧が300Vを超える場合において，合成樹脂管を金属製のボックスに接続して使用するときは，ボックスに**C種接地工事**を施す．
⑨ CD管は，直接コンクリートに埋め込んで施設する場合を除き，専用の不燃性または自消性のある難燃性の管またはダクトに収めて施設する．
⑩ 合成樹脂製可とう管相互，CD管相互及び合成樹脂製可とう管とCD管とは，**直接接続しない**．

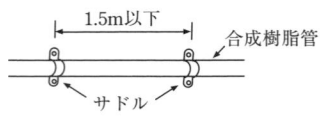

Point

金属管工事と異なる点は，管を接続する場合の差し込み深さと，支持点間の距離が明確になっていることである．

3.4 合成樹脂管工事

問題

問1 合成樹脂管工事による低圧屋内配線の施工方法として，不適切なものは．
- イ．管が絶縁性なので，管内で電線を接続した．
- ロ．電線に600Vビニル絶縁電線を使用した．
- ハ．接着剤を使用して管相互の差し込み接続をし，差し込み深さを管の外径の1.2倍とした．
- ニ．管の支持点間距離を1mとした．

問2 低圧屋内配線で，合成樹脂管を造営材に取り付ける場合，その支持点間の距離の最大値〔m〕は．
- イ．1
- ロ．1.5
- ハ．2
- ニ．2.5

問3 合成樹脂管工事による施工方法で，不適切なものは．
- イ．合成樹脂可とう電線管に600Vビニル絶縁電線（より線）を通線した．
- ロ．硬質ビニル管相互の接続に接着剤を使用し，管の差し込み深さを外径の1倍とした．
- ハ．硬質ビニル管の支持点間の距離を1.2mとした．
- ニ．合成樹脂可とう電線管相互の接続において，一方を加熱し他方を差し込んだ．

問4 硬質ビニル管による合成樹脂管工事で，不適切なものは．
- イ．管相互及び管とボックスとの接続で接着剤を使用したので，管の差し込み深さを管の外径の0.5倍とした．
- ロ．管の直線部分はサドルを使用し，1m間隔で支持した．
- ハ．三相200V配線で，人が容易に触れるおそれがない場所に施設した管と接続する金属製プルボックスに，D種接地工事を施した．
- ニ．湿気の多い場所に施設した管とボックスとの接続箇所に，防湿装置を施した．

問5 合成樹脂管工事で施工できない場所は．
- イ．一般住宅の湿気の多い場所．
- ロ．看板灯に至る屋側配線部分．
- ハ．事務所内の点検できない隠ぺい場所．
- ニ．爆発性粉じんの多い場所．

解答

問1 — イ　　問2 — ロ　　問3 — ニ　　問4 — イ　　問5 — ニ

3.5 可とう電線管工事　　重要知識

出題項目 Check!
□ 可とう電線管工事の施設方法

1 可とう電線管工事

可とう電線管工事は屈曲箇所が多く，金属管では工事しにくい場合などに用いられる工事である．

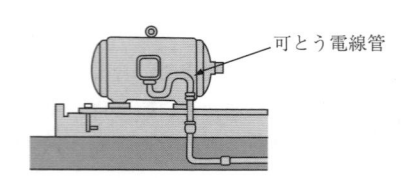

図3.7

可とう電線管工事による低圧屋内配線は，次のように施設する（電技解釈第180条）．
① 電線は，絶縁電線（**屋外用ビニル絶縁電線を除く**）であること．
② 電線は，**直径3.2mm**（アルミ線にあっては4mm）以下，または**より線**であること．
③ **可とう電線管内では，電線に接続点を設けない**．
④ 可とう電線管は，**2種金属製可とう電線管**であること．ただし，露出場所または点検できる隠ぺい場所で乾燥した場所において（使用電圧が300Vを超える場合，電動機に接続する部分で可とう性を必要とする部分に限る），1種金属製可とう電線管を使用することができる．
⑤ 管の曲げ半径
　・露出場所または点検できる隠ぺい場所で，管の取り回しができる場合：管の内径の**3倍以上**
　・露出場所または点検できる隠ぺい場所で，管の取り回しができない場合：管の内径の**6倍以上**
⑥ 低圧屋内配線の使用電圧が300V以下の場合は，可とう電線管には**D種接地工事**を施すこと．ただし，管の長さが4m以下の場合は省略できる．
⑦ 可とう電線管の接続
　・可とう電線管相互の接続：カップリングを用いる
　・可とう電線管とボックス：ストレートボックスコネクタを用いる
　・可とう電線管と金属管：コンビネーションカップリングを用いる
　・可とう電線管の支持：サドルを用いる
⑧ 管を造営材の側面または下面において水平方向に施設する場合の支持点間の距離は，1m以下である．

3.5 可とう電線管工事

Point

可とう電線管工事に関する問題は，他の工事にもあてはまる規定について，これはあきらかに誤りであるという事項を見つけ出すものが出題されている．したがって，細かいところまで覚える必要はない．

問題

問1	屋内に施設した単相100Vの電灯配線を金属製可とう電線管工事により施設する場合，不適切なものは．	イ．2種金属製可とう電線管をサドルを用いて造営材に固定した． ロ．管内で電線を接続した． ハ．同一管内に2回線を収めた． ニ．2種金属製可とう電線管を金属製ボックスに接続し，D種接地工事を施した．
問2	金属製可とう電線管を使用する工事として，不適切なものは．	イ．単相3線式200Vルームエアコン用配線で，金属製可とう電線管内に屋外用ビニル絶縁電線(OW)を収める． ロ．露出場所であって管の取り出しができる場所に金属製可とう電線管を使用し，管の曲げ半径を管の内径の3倍とした． ハ．金属製可とう電線管とボックスとの接続にストレートボックスコネクタを使用する． ニ．金属製可とう電線管と金属管(鋼製電線管)との接続にコンビネーションカップリングを使用する．
問3	コンビネーションカップリングの用途は．	イ．金属製可とう電線管相互を接続するのに用いる． ロ．金属製可とう電線管と金属管とを接続するのに用いる． ハ．金属製可とう電線管をボックスに接続するのに用いる． ニ．金属製可とう電線管の管端に取り付け，電線の被覆の保護に用いる．

解答

問1 －ロ　　**問2** －イ　　**問3** －ロ

3.6 ダクト工事　　重要知識

出題項目 Check!
- 金属ダクト工事，バスダクト工事の施設方法
- フロアダクト工事とライティングダクト工事の施設方法

1　金属ダクト工事

金属ダクト工事は，次のように施設する（電技解釈第181条）（図3.8）．
① 電線は，絶縁電線（**屋外用ビニル絶縁電線を除く**）であること．
② 金属ダクトに収める**電線の断面積の総和は**，ダクトの内部断面積の**20％以下**とする．
③ 金属ダクト内では，電線に接続点を設けない．ただし，その接続点が容易に点検できる場所で電線を分岐する場合を除く．
④ ダクトの支持点間の距離は，3m以下とする．

2　バスダクト工事

バスダクト工事は，次のように施設する（電技解釈第182条）（図3.9）．
① ダクト相互及び電線相互は堅ろうに，かつ電気的に完全に接続すること．
② ダクトを造営材に取り付ける場合は，ダクトの支持点間の距離を3m以下とする．

3　フロアダクト工事

フロアダクト工事は，次のように施設する（電技解釈第183条）（図3.10）．
① 電線は絶縁電線（**屋外用ビニル絶縁電線を除く**）であること．
② 電線はより線であること．ただし，直径3.2mm（アルミ線にあっては4mm）以下のものは，この限りでない．
③ フロアダクト内では電線に接続点を設けないこと．
④ ダクトにはD種接地工事を施すこと．

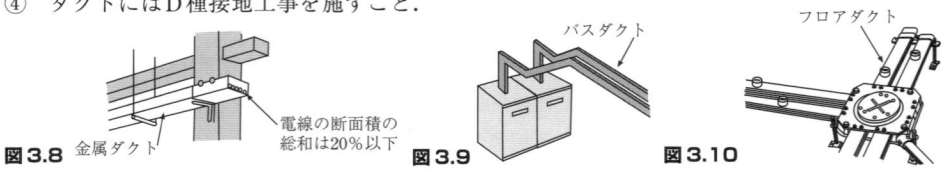

図3.8　金属ダクト　　電線の断面積の総和は20％以下
図3.9　バスダクト
図3.10　フロアダクト

4　ライティングダクト工事

ライティングダクト工事は，次のように施設する（電技解釈第185条）（図3.11）．
① ダクトの支持点間の距離は，2m以下とすること．
② ダクトの終端部は，閉そくすること．
③ ダクトの開口部は，下に向けて施設すること．
④ ダクトは，造営材を貫通して施設しないこと．

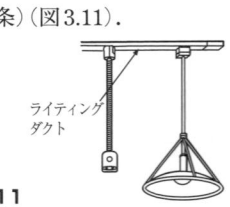

図3.11　ライティングダクト

3.6 ダクト工事

Point

金属ダクトは点検できる箇所に接続点を設けてもよい．また，電線はダクト断面積の20％以下とする．フロアダクトはD種接地工事を施す（省略できない）．

問題

問1	ライティングダクト工事で，誤っているものは．	イ．ダクトの開口部を下に向けて施設した． ロ．ダクトの終端部を閉そくして施設した． ハ．ダクトの支持点間の距離を2mとした． ニ．ダクトを造営材を貫通して施設した．
問2	100Vの低圧屋内配線工事で，不適切なものは．	イ．ケーブル工事で，ビニル外装ケーブルとガス管が接触しないように施設した． ロ．フロアダクト工事で，ダクトの短小な部分のD種接地工事を省略した． ハ．金属管工事で，ワイヤラス張りの貫通箇所のワイヤラスを十分に切り開き，貫通部分の金属管を合成樹脂管に収めた． ニ．合成樹脂管工事で，その支持点間の距離を1.5mとした．
問3	低圧屋内配線工事の施工法法で，正しいものは．	イ．可とう電線管工事で，電線により線を用いて接続部分に十分な絶縁被覆を施し，管内に接続部を収めた． ロ．合成樹脂管工事で，電線接続部に十分な絶縁被覆を施し，かつ，通線が容易なようにして管内に接続部を収めた． ハ．金属管工事で，電線接続部に十分な絶縁被覆を施し，かつ，管の太さに余裕がある管内に接続部を収めた． ニ．金属ダクト工事で，電線接続部に十分な絶縁被覆を施し，かつ，点検が容易にできる箇所のダクト内に分岐のための接続部を収めた．
問4	低圧屋内配線の工事方法で，誤っているものは．	イ．金属ダクトに収める電線の断面積の総和が，ダクトの内部断面積の60％であった． ロ．バスダクトの支持点間の距離が2.8mであった． ハ．可とう電線管工事で，直径3.2mmのIV線を用いた． ニ．金属管工事で，管の長さが4m以下なのでD種接地工事を省略した．

解答

問1 ーニ　　問2 ーロ　　問3 ーニ　　問4 ーイ

3.7 地中電線路の施設 【重要知識】

出題項目 Check!
- 地中電線路の施設方法

1 地中電線路の施設方法

地中電線路の施設方法は，次のように施設する（電技解釈第134条）．

① 地中電線路は，電線に**ケーブル**を使用する．
② 地中電線路は，管路式，暗きょ式，直接埋設式により施設する．
③ 管路式による施設（図3.12参照）
  管には車両その他重量物の圧力に耐えるものを使用する．
④ 暗きょ式による施設（図3.13参照）
  ・暗きょには車両その他重量物の圧力に耐えるものを使用する．
  ・地中電線に耐燃措置を施すか，または暗きょ内に自動消火器を施設する．
⑤ 直接埋設式による施設（図3.14参照）
  ・電線は，車両その他の重量物の圧力を受けるおそれがある場合は1.2m以上の深さに，堅ろうなトラフその他の保護物に収めて施設する．
  ・車両その他の重量物の圧力を受けるおそれがない場合は0.6m以上の深さに，その上を堅ろうな板またはといで覆い施設する．

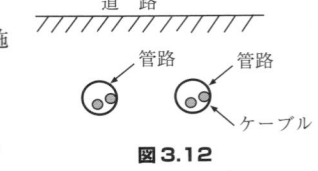

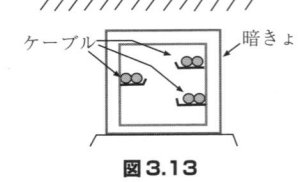

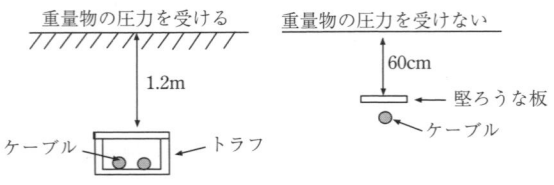

図3.12

図3.13

図3.14

Point
地中電線路の使用電線はケーブル，施設方法は直接埋設式を覚えておこう．

3.7 地中電線路の施設

問題

問1 600Vビニル外装ケーブルを地中電路として施設する場合の工事方法として，正しいものは．

- イ．車道 1.2m ケーブル
- ロ．車道 0.6m ケーブル コンクリートトラフ
- ハ．庭園 1.0m ケーブル 堅ろうな板
- ニ．庭園 1.2m ケーブル

問2 低圧の地中配線を直接埋設式により施工する場合，使用できる電線は．

- イ．屋外用ビニル絶縁電線（OW）
- ロ．600V架橋ポリエチレン絶縁ビニルシースケーブル（CV）
- ハ．引込用ビニル絶縁電線（DV）
- ニ．600Vビニル絶縁電線（IV）

問3 車両等重量物の圧力を受けるおそれのある場所の地中電線路において，ビニル外装ケーブルを堅ろうなトラフを用いた直接埋設式により施設する場合の最小深さ〔m〕は．

- イ．0.6　ロ．0.9
- ハ．1.2　ニ．1.5

問4 車両等重量物の圧力を受けるおそれがない場所の地中電線路において，CVケーブルを堅ろうなトラフを用いた直接埋設式により施設する場合の最小深さ〔m〕は．

- イ．0.3　ロ．0.6
- ハ．0.9　ニ．1.2

解答

問1 -ハ　問2 -ロ　問3 -ハ　問4 -ロ

3.8 コードの使用制限　　　重要知識

出題項目 Check!
- □ 電球線及び移動電線の施設
- □ ショウウインドウ内の配線工事

　コードは，電球線及び移動電線として使用し，固定した配線として施設してはいけない．ただし，ショウウインドウ内の配線は例外である．

1　電球線の施設（電技解釈第190条）

　屋内に施設する使用電圧が300V以下の電球線は，ビニルコード以外のコード，またはビニルキャブタイヤケーブル以外のキャブタイヤケーブルで，断面積が0.75mm^{2}以上のものを使用する．

2　移動電線の施設（電技解釈第191条）

　屋内に施設する移動電線は，使用電圧が300V以下の場合，ビニルコード以外のコード，またはビニルキャブタイヤケーブル以外のキャブタイヤケーブルで，断面積が0.75mm^{2}以上のものを使用する．

　ただし，**放電灯，ラジオ，テレビ，扇風機，電気バリカンなど，電気を熱として使用しない小型機械器具には，ビニルコードを使用することができる．**

3　ショウウインドウ内の配線工事（電技解釈第198条）

　乾燥した場所に施設し，かつ，内部を乾燥した状態で使用するショウウインドウ，ショウケース内の低圧屋内配線は，次のように施設する．
① 使用電圧は**300V以下**である．
② 電線は**断面積0.75mm^{2}以上のコード**またはキャブタイヤケーブルである．
③ 外部から見えやすい箇所にコードを施設する．
④ コードは留め金で取り付け，その取り付け点間の距離は**1m以下**とする．
⑤ コード相互，コードと他の低圧屋内配線との接続は，差し込み接続器を用いる．

4　コードの使用法

① コードの接続は，差し込み接続器を使用する．
② **断面積が0.75mm^{2}のコードの許容電流は，7Aである．**

例題

　公称断面積0.75mm^{2}のゴムコードの許容電流からみて，使用可能な容量の最も大きな器具は，次のうちどれか．ただし，器具の定格電圧は100Vで，周囲温度は30℃とする．
- イ．150Wの電気はんだごて
- ロ．600Wの電気こたつ
- ハ．1.5kWの電気湯沸かし器
- ニ．2kWの電気乾燥機

3.8 コードの使用制限

解説

0.75mm² のコードの許容電流は，7A である．定格電圧 100V での消費電力は，

$$100 \times 7 = 700 \,[\text{W}]$$

となり，700W までの電気器具が使用可能である．したがって，正解はロとなる．

Point

コードは断面積 0.75mm² 以上のものを使用する．ショウウインドウ内の配線以外は，固定できない．ビニルコードは，熱を発生するものには使用できない．

問題

問1	乾燥した場所に施設し，内部を乾燥状態で使用するショウウインドウ内の100Vの屋内配線にコードを用いた工事として，不適切なものは．	イ．コードは外部から見えやすい箇所に施設した． ロ．電線は断面積が0.75mm²以上のコードを使用した． ハ．電線相互の接続には差し込み接続器を用いた． ニ．電線の取り付け点間の距離は3mとした．
問2	100Vの低圧屋内配線にコードで造営材に直接留め具で取り付けて施設することができる場所または箇所は．	イ．乾燥した場所に施設し，内部を乾燥状態で使用するショウケース内の外部から見えやすい場所 ロ．住宅以外の人の触れるおそれのない壁面 ハ．木造住宅の人の触れるおそれのない点検できる天井裏 ニ．住宅の台所に施設し，内部を乾燥状態で使用する床下収納庫の点検できる箇所
問3	屋内に施設する使用電圧が300V以下の器具に付属する移動電線として，ビニルコードが使用できる電気器具は．	イ．電気アイロン ロ．蛍光灯スタンド ハ．電気コンロ ニ．電気トースタ
問4	低圧屋内電路においてビニルコードが使用できないものは．	イ．応接間の扇風機に付属する移動電線 ロ．移動用テーブルタップへの電線 ハ．玄関の呼鈴用配線（小勢力回路） ニ．居間の白熱電灯用電球線

解答

問1 ーニ　　**問2** ーイ　　**問3** ーロ　　**問4** ーニ

3.9 屋内のネオン放電灯工事　〔重要知識〕

出題項目 Check!
- □ 屋内のネオン放電灯工事

1 屋内のネオン放電灯工事（電技解釈第208条）

屋内に施設する管灯回路の使用電圧が1,000Vを超えるネオン放電灯工事は，人が容易に触れるおそれがない場所に危険のおそれがないように，次のように施設する．

① 放電灯用変圧器は，**ネオン変圧器**を使用する．
② 管灯回路の配線は，**がいし引き工事**により，展開した場所または点検できる隠ぺい場所に施設する．
③ 電線は，**ネオン電線**を用いる．
④ 電線は造営材の側面または下面に取り付ける．
⑤ **電線の支持点間の距離は，1m以下**とする．
⑥ 電線相互の間隔は，6cm以上とする．
⑦ ネオン変圧器の外箱には，**D種接地工事**を施す．

2 ネオン放電灯（内線規定3230節）

① 放電灯に供給する電路の対地電圧は，150V以下とする．ただし，次のように施設する場合は，300V以下とすることができる．
　・ネオン管は，人が触れるおそれがないように施設する．
　・ネオン変圧器は，屋内配線と直接接続して施設する．
② ネオン放電灯は，15A分岐回路または20A配線用遮断器分岐回路で使用する．このとき，ネオン放電灯と電灯及び小型機械器具とは併用することができる．
③ ネオン変圧器は，電気用品安全法の適用を受けるもので，**二次側を直列または並列に接続して使用しないこと**．
④ **ネオン変圧器の定格電圧には，7,500Vと15,000Vの2種類がある**．

3 管灯回路の施設

ネオン管の支持にはチューブサポート，ネオン電線の支持にはコードサポートを用いる．

図3.15 チューブサポート　　**図3.16** コードサポート

Point
チューブサポート，コードサポートは鑑別問題にも出題される．形と用途を覚えておこう．

3.9 屋内のネオン放電灯工事

問題

問1	使用電圧が1,000Vを超えるネオン放電灯の管灯回路の配線として，適切なものは．	イ．ライティングダクト工事 ロ．金属管工事 ハ．合成樹脂管工事 ニ．がいし引き工事
問2	管灯回路の使用電圧が1,000Vを超えるネオン放電灯工事として，不適切なものは．	イ．ネオン変圧器に至る低圧屋内配線の分岐回路を電灯の回路と併用した． ロ．ネオン変圧器の二次側（管灯回路）の配線を展開した場所に施設した． ハ．ネオン変圧器の金属製外箱にD種接地工事を施した． ニ．ネオン変圧器の二次側（管灯回路）の配線に600Vビニル絶縁電線を使用して，がいし引き工事で施設した．
問3	ネオン放電灯工事で正しい工事方法は．	イ．ネオン変圧器の外箱にD種接地工事を施す． ロ．ネオン変圧器の二次側配線にIV電線を使用した． ハ．ネオン変圧器の二次配線の支持点間距離を2mとする． ニ．ネオン変圧器の二次側配線を他のネオン変圧器と直列に接続する．
問4	ネオン変圧器の定格二次電圧の最大値〔V〕は．	イ．6,000　　ロ．10,000 ハ．15,000　　ニ．20,000
問5	ネオン放電工事で誤っている工事方法は．	イ．ネオン変圧器の二次側配線をコードサポートで支持した． ロ．ネオン変圧器の二次側配線の支持点間の距離を1mとした． ハ．ネオン変圧器の金属製外箱にD種接地工事を施した． ニ．ネオン変圧器の二次側配線に600Vビニル絶縁電線を使用した．

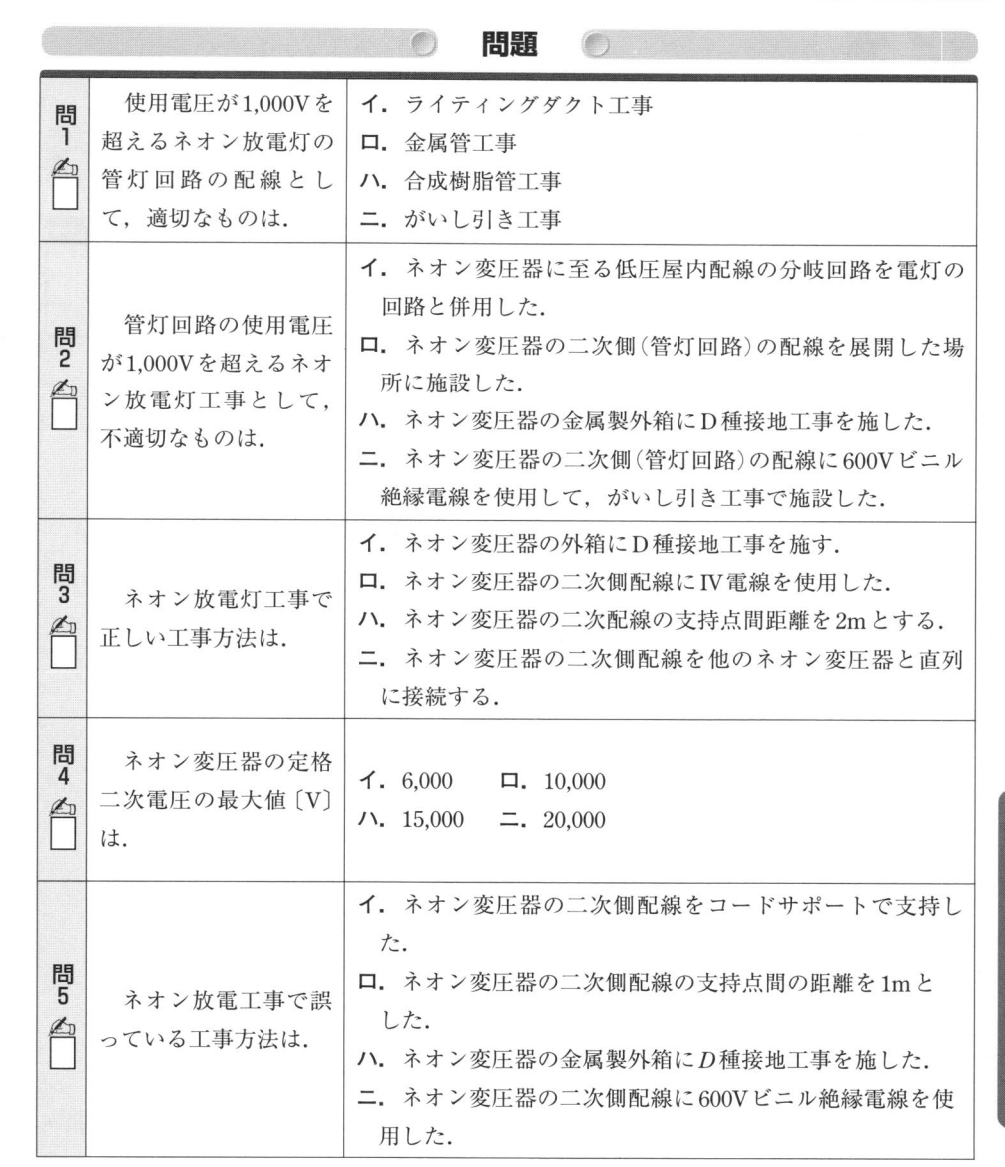

解答

問1 －ニ　　問2 －ニ　　問3 －イ　　問4 －ハ　　問5 －ニ

4 一般用電気工作物の検査法と測定方法

4.1 電圧，電流，電力の測定　　重要知識

出題項目 Check!

□ 電力計，電流計，電力計の接続法
□ 計器の図記号

1 電圧計，電流計，電力計の接続法

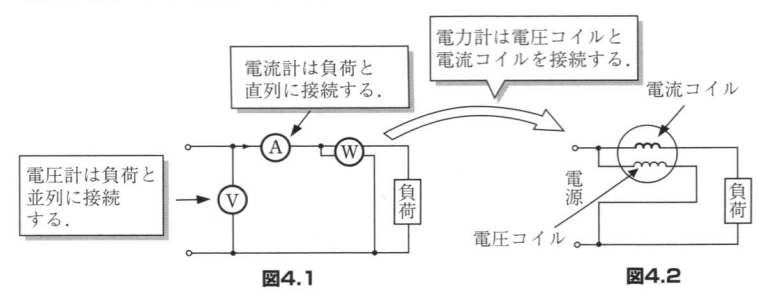

- 電圧計は負荷と並列に接続する．
- 電流計は負荷と直列に接続する．
- 電力計は電圧コイルと電流コイルを接続する．

図4.1　図4.2

2 計器の記号

① 動作原理による分類

表4.1

種類	記号	使用回路	特長
永久磁石可動コイル形	⌒	直流用	直流専用 平均値表示
可動鉄片形	≢	交直両用	一般には交流専用
空心電流力計形	⇔	交直両用	電力計

② 姿勢記号

表4.2

種類	記号
鉛直	⊥
水平	⊓
傾斜	∠

③ 測定量の種類

表4.3

種類	記号
直流	===
交流	∼
直流・交流	≂

3 測定範囲の拡大

① 電流計で大電流を測定するときは，変流計(CT)と組み合わせる．
② 電圧計で大電圧を測定するときは，計器用変圧器(VT)と組み合わせる．

Point

① 電圧計は負荷と並列，電流計は負荷と直列に接続する．
② 計器には，動作原理や使い方を示す図記号がある．

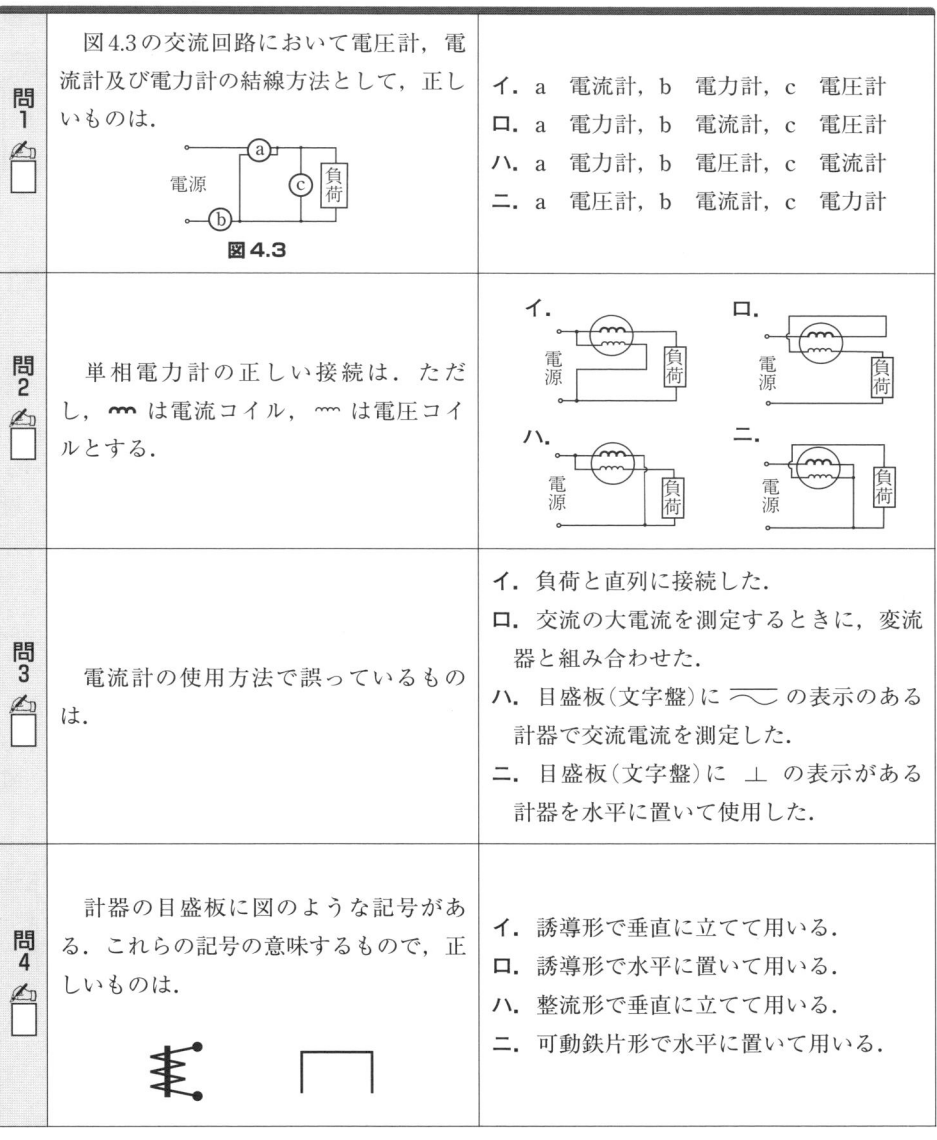

4.1 電圧，電流，電力の測定

問題

問1　図4.3の交流回路において電圧計，電流計及び電力計の結線方法として，正しいものは．

イ．a 電流計，b 電力計，c 電圧計
ロ．a 電流計，b 電圧計，c 電圧計
ハ．a 電力計，b 電圧計，c 電流計
ニ．a 電圧計，b 電流計，c 電力計

図4.3

問2　単相電力計の正しい接続は．ただし，〜は電流コイル，〜は電圧コイルとする．

問3　電流計の使用方法で誤っているものは．

イ．負荷と直列に接続した．
ロ．交流の大電流を測定するときに，変流器と組み合わせた．
ハ．目盛板（文字盤）に 〜 の表示のある計器で交流電流を測定した．
ニ．目盛板（文字盤）に ⊥ の表示がある計器を水平に置いて使用した．

問4　計器の目盛板に図のような記号がある．これらの記号の意味するもので，正しいものは．

イ．誘導形で垂直に立てて用いる．
ロ．誘導形で水平に置いて用いる．
ハ．整流形で垂直に立てて用いる．
ニ．可動鉄片形で水平に置いて用いる．

解答

問1 - ロ　　問2 - イ　　問3 - ニ　　問4 - ニ

4.2 変流器とクランプメータ　　重要知識

出題項目 Check!

- □ 変流器(CT)の使用目的と電流計の取り換え方
- □ クランプメータの使い方

1 変流器

　変流器は，電流計の測定範囲を大きくするために用いる．

　図4.4は，電流計と変流器を組み合わせて負荷の電流を測定している図である．変流器の比が20/5Aとすると，負荷に20Aの電流が流れた場合，二次側の電流計には5Aの電流が流れ，大電流を小電流に変成して測定できる．

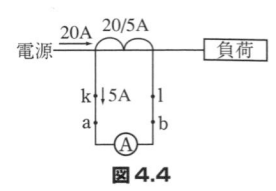

図4.4

　変流器の二次側は開放してはいけない．したがって，変流器の二次側にヒューズを入れて溶断できるようにしてはいけない．電流計を取り替える場合は，k，l端子間を短絡したのち，電流計の端子a，bから接続線をはずす．そして，別の電流計をa，b端子に取り付けて，短絡してあったk，l端子間を開放する．

2 クランプメータの使い方

　クランプメータは，通電中の電線をクランプすることで，電流の周りに発生する磁界から通電中の電流を表示する計器である．

　単相2線式回路に流れる電流を測定する場合，図4.5のようにどちらか片方の電線をクランプする．もし，図4.6のように2本の電線をクランプすると，行きと帰りの電流による磁界が打ち消しあって，測定できない．しかし，単相3線式回路の漏れ電流を測定する場合は，図4.7のように3本の線を一括してクランプすることで測定できる．

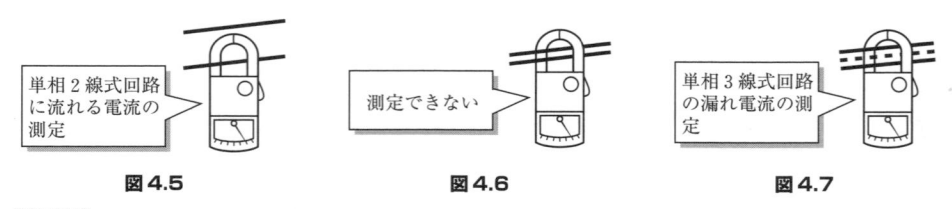

図4.5 単相2線式回路に流れる電流の測定
図4.6 測定できない
図4.7 単相3線式回路の漏れ電流の測定

3 充電の有無の確認

　電路の充電の有無(電圧があるか，ないか)を確認するには，ネオン検電器(図4.8)を用いる．

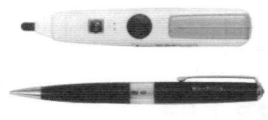

図4.8

Point

① 変流器は，電流計の測定範囲を大きくするために用いる．
② クランプメータは，電線をクランプして測定する．

問題

問1	変流器（CT）の使用目的として，正しいものは．	イ．電流計の測定範囲を大きくする． ロ．電圧計の測定範囲を大きくする． ハ．接地抵抗計の測定範囲を大きくする． ニ．絶縁抵抗計の測定範囲を大きくする．
問2	図4.9のような変流器の二次側に接続された電流計Ⓐを通電中に取り外すときの手順で，適切な方法は． 図4.9	イ．電流計の端子a, b間を短絡したのち，k, l端子から電流計の接続線をはずす． ロ．k, l端子間を短絡したのち，電流計の端子a, bから接続線をはずす． ハ．電流計の端子a, bから接続線をはずしたのち，k, l端子間を短絡する． ニ．端子k, a間の接続線をはずしたのち，端子l, b間の接続線をはずす．
問3	単相3線式回路の漏れ電流の有無をクランプ形漏れ電流計を用いて測定する場合の測定方法として，正しいものは． なお，--- は中性線を示す．	イ．　　　ロ． ハ．　　　ニ．
問4	ネオン検電器を使用する目的は．	イ．ネオン放電灯の照度を測定する． ロ．ネオン管灯回路の導通を調べる． ハ．電路の漏れ電流を測定する． ニ．電路の充電の有無を確認する．

解答

問1 －イ　　問2 －ロ　　問3 －イ　　問4 －ニ

4.3 接地抵抗の測定法　　　重要知識

出題項目 Check!
- 接地抵抗の測定法

1 接地抵抗計

接地抵抗計（アーステスタ）による接地抵抗の測定は，図4.10のように行う．

① 被測定接地極Eを端として，一直線上に2箇所の補助接地極PおよびCを順次10m程度離して埋め込む．
② 接地抵抗計のE端子を被測定接地極，P端子を補助接地極P，C端子を補助接地極Cに，それぞれ付属のリード線を用いて接続する．
③ 接地抵抗計のスイッチを入れ，測定する．

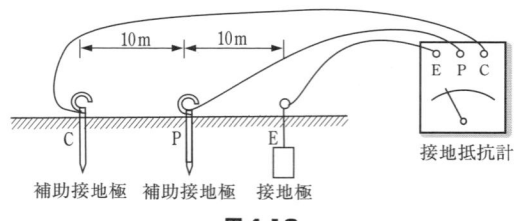

図4.10

例題

直読式接地抵抗計を使用して接地抵抗を測定する場合，補助接地極の配置として，適切なものは．

イ．被測定接地極と1箇所の補助接地極を5m程度離す．
ロ．被測定接地極を端として，一直線上に2箇所の補助接地極を順次10m程度離す．
ハ．被測定接地極と2箇所の補助接地極を5m程度離して正三角形に配置する．
ニ．被測定接地極を端として，一直線上に3箇所の補助接地極を順次10m程度離す．

解説

接地抵抗計を使用して接地抵抗を測定する場合の補助極の配置は，図4.10のように，被測定接地極を端として，一直線上に2箇所の補助接地極を順次10m程度離して配置する．

したがって，正解はロである．

Point

接地抵抗の接地極は，E，P，Cの順に一直線上に10m程度離す．

4.3 接地抵抗の測定

問題

問1	直読式接地抵抗計を用いて，被測定接地抵抗極Eと二つの補助接地極P及びCを図のように一直線上に等間隔に配置して接地抵抗を測定する場合，E-Pの間隔として，適切な距離〔m〕は． E　　　P　　　C	イ．1 ロ．3 ハ．4 ニ．10
問2	E，P，Cの端子がある接地抵抗計を使用して接地抵抗を測定するとき，適切でないものは．	イ．補助接地極は原則として2箇所必要である． ロ．補助接地極を接地抵抗計のP，C端子にそれぞれ接続した． ハ．補助接地極は，被測定接地極からそれぞれ逆方向に5mずつ離して配置した． ニ．補助接地極は，被測定接地極から一方向に順次10mずつ離して配置した．
問3	接地抵抗計を使用して接地抵抗を測定するときの正しい使い方は． ただし，図の ♀ は測定する接地極，♀ は補助接地極とする．	イ．／ロ．／ハ．／ニ．（図）

解答

問1 － ニ　　**問2** － ハ　　**問3** － ロ

4.4 絶縁抵抗の測定法 　　　　　　　　　　　　　　　　　　　　　重要知識

出題項目 Check!
- □ 絶縁抵抗の測定法
- □ 絶縁抵抗計の規格

1 絶縁抵抗の測定

① 電線相互間の絶縁抵抗の測定（図4.11参照）

絶縁抵抗計のL端子（ライン）とE端子（アース）を電線に接続する．このとき，電球や機械器具は取り外し，点滅器は閉じておく．

② 回路と大地間の絶縁抵抗の測定（図4.12参照）

絶縁抵抗計のL端子（ライン）は測定する電路に，E端子（アース）は大地に接続する．このとき，電球や機械器具は接続したまま，点滅器は閉じておく．

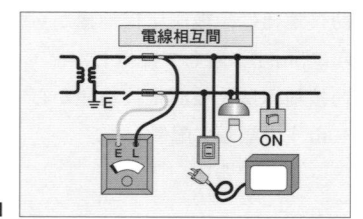

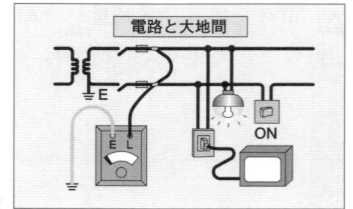

図4.11　電線相互間

図4.12　電路と大地間

2 絶縁抵抗計（メガー）の規格

絶縁抵抗計には，測定回路の電圧に応じて100V，250V，500V，1000V，2000V用の5種類がある．低圧屋内配線では，**一般的に500V用が用いられる**．

例題

300V以下の低圧屋内配線の竣工工事で行う絶縁抵抗測定に用いる絶縁抵抗計の規格で，最も適しているものはどれか．

- イ．定格測定電圧 100V　　有効測定範囲 0.01〜20MΩ
- ロ．定格測定電圧 500V　　有効測定範囲 0.05〜100MΩ
- ハ．定格測定電圧 500V　　有効測定範囲 0.5〜1,000MΩ
- ニ．定格測定電圧 1,000V　有効測定範囲 1〜2,000MΩ

解説

300V以下の絶縁抵抗値は，電気設備技術基準で0.1MΩ〜0.2MΩの値以下でなければならない（6.1「電圧の区分と絶縁抵抗」参照）．したがって，定格測定電圧とこの測定範囲を満足するロの規格が正解である．

Point

絶縁抵抗計は鑑別問題にも出題される．形も確認しておこう．

4.4 絶縁抵抗の測定法

問題

問1 分岐開閉器を開いて，それ以降の低圧屋内配線の電線相互間の絶縁抵抗を測定する場合，正しい方法は．

イ．使用電気機器を取り外し，点滅器等は「入」にしておく．
ロ．使用電気機器を取り外し，点滅器等は「切」にしておく．
ハ．使用電気機器を接続したまま，点滅器等は「入」にしておく．
ニ．使用電気機器を接続したまま，点滅器等は「切」にしておく．

問2 分岐開閉器を開放し，低圧屋内電路と大地間の絶縁抵抗を一括測定する方法として，正しいものは．

イ．電球や器具類は接続したまま，点滅器は閉じておく．
ロ．電球や器具類は接続したまま，点滅器は開いておく．
ハ．電球や器具類は取り外し，点滅器は閉じておく．
ニ．電球や器具類は取り外し，点滅器は開いておく．

問3 単相100Vの低圧屋内配線の竣工工事で行う絶縁抵抗測定に使用する絶縁抵抗計の定格測定電圧〔V〕で，適切なものは．

イ．100　ロ．500　ハ．1,000　ニ．2,000

問4 絶縁抵抗計を用いて，低圧三相誘導電動機と大地との絶縁抵抗を測定する方法で適切なものは．
ただし，絶縁抵抗計のLは線路端子(ライン)，Eは接地端子(アース)を示す．

イ．　ロ．　ハ．　ニ．

解答

問1 -イ　　**問2** -イ　　**問3** -ロ　　**問4** -ロ

4.5 竣工検査の手順，検査の義務　　重要知識

出題項目 Check!
- □ 竣工検査の手順
- □ 検査の義務

1 竣工検査の手順

竣工検査は，屋内配線工事が完了して，電力の供給を受ける直前に行う調査で，次のような順序で検査を行う．

表4.4

順序	検査項目	使用器具	検査内容
1	目視点検	設計図	完成した配線工事を設計図と照合する．
2	絶縁抵抗測定	絶縁抵抗計（メガー）	絶縁抵抗の値を測定し，基準を満たしているか検査する．
	接地抵抗測定	接地抵抗計（アーステスタ）	接地抵抗の値を測定し，基準を満たしているか検査する．
3	導通試験	回路計（テスタ）	電線の断線や器具への結線の未接続を発見する．回路の接続の正誤を判明する．

2 調査の義務（電気事業法第57条）

「一般用電気工作物は，電気を供給する者（電力会社）が電気設備技術基準に適合しているかを調査しなければならない」と規定している．すなわち，**一般用電気工作物が竣工したときの調査(検査)の義務は，電力会社にある**．

例題

低圧屋内配線の竣工検査で一般に行われないものは，次のうちどれか．
- イ．電気工作物の施設状況を点検する．
- ロ．電気機器の温度上昇試験を行う．
- ハ．絶縁抵抗を測定する．
- ニ．接地抵抗を測定する．

解説

表4.4より，ロの電気機器の温度上昇試験は，竣工検査で行われない．

Point

竣工検査の手順は，目視点検→絶縁抵抗測定→接地抵抗測定→導通試験である．

4.5 竣工検査の手順，検査の義務

問題

問1	低圧屋内配線工事の竣工検査を行う順序として，最も適切なものは．	イ．1. 目視点検　2. 絶縁抵抗測定　3. 接地抵抗測定　4. 導通試験 ロ．1. 絶縁抵抗測定　2. 接地抵抗測定　3. 導通試験　4. 目視点検 ハ．1. 導通試験　2. 絶縁抵抗測定　3. 目視点検　4. 接地抵抗測定 ニ．1. 導通試験　2. 絶縁抵抗測定　3. 接地抵抗測定　4. 目視点検
問2	一般住宅の低圧屋内配線の新増設検査に際し，一般に行われていないものは．	イ．絶縁抵抗測定　ロ．導通試験 ハ．接地抵抗測定　ニ．絶縁耐力試験
問3	三相200V電動機の屋内配線工事の竣工検査に必要な測定器具の組合せとして，正しいものは．	イ．電圧計　　電流計 ロ．電圧計　　絶縁抵抗計 ハ．電流計　　接地抵抗計 ニ．絶縁抵抗計　接地抵抗計
問4	導通試験の目的として適正でないものは．	イ．電線の断線を発見する． ロ．回路の接続の正誤を判明する． ハ．器具への結線の未接続を発見する． ニ．接地抵抗を測定する．
問5	電気事業法で一般用電気工作物が竣工したときに調査（検査）の義務を課せられているものは．	イ．電気工事士　ロ．電気工事業者 ハ．所有者　　　ニ．電力会社

解答

問1 －イ　　**問2** －ニ　　**問3** －ニ　　**問4** －ニ　　**問5** －ニ

5 電気機械・器具

5.1 蛍光灯回路 〔重要知識〕

出題項目 Check!
- □ 蛍光灯回路
- □ 各機器の目的

1 蛍光灯回路

グローランプをスタータとして用いた蛍光灯回路は，蛍光ランプ，安定器，グローランプ，コンデンサで構成される．

図5.1は，その回路図である．蛍光灯回路は電源からスタートして，安定器→蛍光ランプ→グローランプ→蛍光ランプ→電源というように，一筆書きの要領で直列に配線される．そして，グローランプに並列にコンデンサを接続する．

各機器の役割は，次のとおりである．
- ・安定器：始動時に蛍光ランプに高圧を印可し，点灯後は出力を一定に維持させる．
- ・グローランプ：放電を始動させる働きをする．
- ・コンデンサ：雑音を防止する．

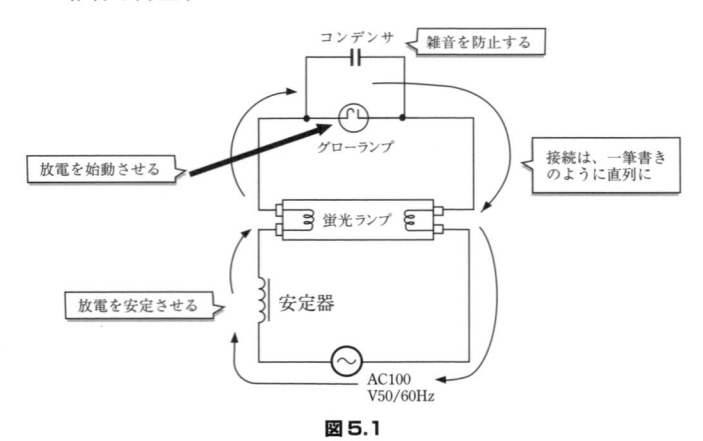

図5.1

Point
① 蛍光灯回路は，各機器が一筆書きの要領で直列に接続される．
② 各機器の役割を覚えておこう．

5.1 蛍光灯回路

問題

問1	水銀灯に安定器を取り付ける目的は．	イ．放電を安定させる． ロ．力率を改善する． ハ．雑音（電波障害）を防止する． ニ．光束を増やす．
問2	蛍光灯にグローランプを使用する目的は．	イ．力率を改善する． ロ．雑音（電波障害）を防止する． ハ．放電を安定させる ニ．放電を始動させる．
問3	図5.2に示す蛍光灯回路のコンデンサの主な目的は． 図5.2	イ．効率をよくする． ロ．点灯を早くする． ハ．明るさを増す． ニ．雑音（電波障害）を防止する．
問4	グローランプをスタータとして用いた蛍光灯回路で，正しいものは．	イ．　ロ． ハ．　ニ．

解答

問1 ーイ　　**問2** ーニ　　**問3** ーニ　　**問4** ーニ

5.2 照明器具・機器の力率 　重要知識

出題項目 Check!
- □ 照明器具
- □ 機器の力率

1 放電ランプ

① 低圧水銀ランプ

真空にしたガラス管の中に，少量の水銀蒸気と放電をしやすくするためのアルゴンガスを封入したものである．紫外線を多く放射するため，殺菌ランプとして利用されている．

② 高圧水銀ランプ

水銀蒸気中の放電という点では低圧水銀ランプと同じであるが，こちらは水銀蒸気の圧力が高く，高輝度な放電ランプである．工場や公園などの照明として用いられている．**高圧とは，放電管内の水銀蒸気の圧力が高圧という意味である**．

③ ナトリウムランプ

最も高効率で，寿命中の光束低下が少ないランプである．黄色の単色光を放射し，色の識別などを必要としない高速自動車道路や，**トンネルなどの照明に利用されている**．

2 白熱電球

フィラメントに電流を流して，フィラメントの電気抵抗による熱放射を利用した光源である．蛍光灯に比べて寿命が短い，光束が少ないなどの短所はあるが，抵抗による発光のため，力率は100％とすぐれている．白熱電球は瞬時に点灯できる長所があり，トイレや浴室などに用いられることが多い．特に，**浴室に用いる場合は湿気などを防ぐゴムパッキン付のねじ込み形防湿器具を使用しなければならない．**

3 機器の力率

力率とは，交流回路における電圧と電流の位相差である．位相のずれはインダクタンスLとコンデンサCによって生じるが，電気機械器具ではインダクタンスLによる影響で生じる．

白熱電球や電熱器などの抵抗加熱によるものは力率が100％に近いが，それ以外，例えば電動機によって動く洗濯機，冷蔵庫などの力率は悪い．また，放電を利用した蛍光灯やアーク溶接機なども力率が悪い機械器具である．

Point

この節は，右ページの問題を解いて理解できればよい．

5.2 照明器具・機器の力率

問題

問1	浴室に使用する白熱電灯器具で，最も適しているものは．	イ．ランプレセクタブル ロ．耐熱グローブ付器具 ハ．金属製ガード付白熱電灯器具 ニ．ゴムパッキン付ねじ込み形グローブ器具
問2	霧の濃い場所やトンネル内部の照明に適しているものは．	イ．ナトリウムランプ ロ．ハロゲンランプ ハ．水銀ランプ ニ．蛍光ランプ
問3	蛍光灯を同じワット数の白熱電球と比べた場合，正しいものは．	イ．寿命が短い． ロ．光束が多い． ハ．力率が良い． ニ．雑音が少ない．
問4	高圧水銀灯の名称で，「高圧」という意味は．	イ．放電管内の水銀蒸気の圧力が高圧である． ロ．電源電圧が高圧である． ハ．放電電圧が高圧である． ニ．安定器の二次無負荷電圧が高圧である．
問5	力率の最もよい電気機械器具は．	イ．電気ストーブ ロ．電気洗濯機 ハ．交流アーク溶接機 ニ．高圧水銀灯
問6	電気機械器具のうち，最も力率のよいものは．	イ．蛍光灯 ロ．誘導電動機 ハ．電熱器 ニ．溶接機

解答

問1 -ニ　問2 -イ　問3 -ロ　問4 -イ　問5 -イ　問6 -ハ

5.3 三相誘導電動機の運転　　重要知識

出題項目 Check!
- □ 三相誘導電動機のY-Δ始動
- □ 三相誘導電動機の特性

1　三相誘導電動機のY-Δ始動

かご形三相誘導電動機の始動法の一つに，図5.3のようなY-Δ始動器がある．正しいY-Δ始動器回路の見分け方は，次のように判断する．

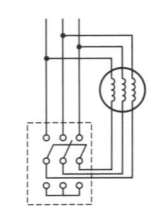

① 図5.4のように，電源の電線abcからコイルを通り，Y-Δ始動器のabcに入る線が左右どちらかにずれているものは正しい．この図は，右へ一つずつずれている．

② 図5.5の回路は，電源からコイルを通った線は左右どちらにもずれていない．したがって，この回路は間違いだといえる．

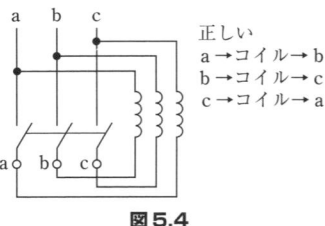

図5.3

正しい
a→コイル→b
b→コイル→c
c→コイル→a

図5.4

間違い
a→コイル→a
b→コイル→b
c→コイル→c

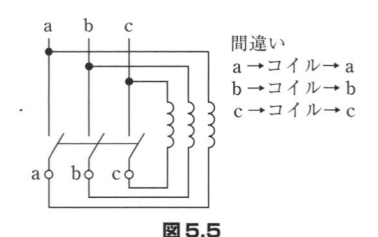

図5.5

2　三相誘導電動機の特性

① 三相誘導電動機を逆転させるには，3本の線のうち，いずれか2本を入れ替える．
② 三相誘導電動機の力率を改善するには，並列にコンデンサを接続する．
③ 三相誘導電動機は，負荷が増加すると回転速度は低下する．また，負荷が減少すると回転速度は上昇する．
④ Y-Δ始動では，始動時はY結線であり，Δ結線に比べ各巻線の電圧は$1/\sqrt{3}$，線電流は1/3，トルクも1/3に減少する．
⑤ 三相誘導電動機の回転速度n〔min^{-1}〕は，周波数をf〔Hz〕，極数をP，すべりをsとすると，次式で表される．

$$n = \frac{120f}{P}(1-s) \tag{5.1}$$

Point

三相誘導電動機のY-Δ始動器回路の正誤は，電線のずれから判断する．

5.3 三相誘導電動機の運転

問題

問1 三相誘導電動機のスターデルタ始動器回路として，正しいものは．
ただし，○は三相誘導電動機，▥はスターデルタ始動器を表す．

イ． ロ． ハ． ニ．

問2 三相誘導電動機を逆転させるときの方法として，最も適切なものは．

- イ．3本の結線を3本とも入れ替える．
- ロ．3本の結線のうちいずれか2本を入れ替える．
- ハ．コンデンサを取り付ける．
- ニ．スターデルタ始動器を取り付ける．

問3 三相誘導電動機と並列にコンデンサを接続する目的は．

- イ．電動機の振動を防ぐ．
- ロ．回路の力率を改善する．
- ハ．回転速度の変動を防ぐ．
- ニ．電源の周波数の変動を防ぐ．

問4 低圧の誘導電動機の記述で誤っているものは．

- イ．三相普通かご形の始動電流は，全負荷時の4〜8倍程度である．
- ロ．単相電動機の始動方式には，コンデンサ始動形がある．
- ハ．負荷が増加すると回転速度も増加する．
- ニ．周波数が60Hzから50Hzに変わると回転速度が低下する．

問5 三相誘導電動機の始動において，じか入れに対しスターデルタ始動器を用いた場合，正しいものは．

- イ．始動電流が小さくなる．
- ロ．始動トルクが大きくなる．
- ハ．始動時間が短くなる．
- ニ．始動時の巻線に加わる電圧が大きくなる．

解答

問1 -ロ　問2 -ロ　問3 -ロ　問4 -ハ　問5 -イ

5.4 電気工事と工具 〔重要知識〕

出題項目 Check!
□ 各種電気工事と工具

1 金属管工事と工具

表5.1

①	金属管の切断に用いる工具	パイプカッタ，金切りのこ，パイプバイス
②	金属管の曲げに用いる工具	パイプベンダ，油圧式パイプベンダ
③	金属管のねじ切りに用いる工具	リード型ラチェット式ねじ切り器，パイプバイス
④	金属管の切断面の仕上げに用いる工具	リーマ，クリックボール，やすり
⑤	金属管相互の接続に用いる工具	パイプレンチ
⑥	鋼板に穴をあける工具	ホルソ，ノックアウトパンチ
⑦	金属管とボックスの接続に用いる工具	ウォータポンププライヤ

2 合成樹脂管工事

表5.2

①	合成樹脂管の切断に用いる工具	合成樹脂管用カッタ（塩ビカッタ）
②	合成樹脂管の曲げに用いる工具	トーチランプ
③	合成樹脂管の切断面の仕上げに用いる工具	面取器

3 ケーブル工事

表5.3

①	電線を切断する工具	ペンチ
②	電線の被覆をむく工具	ナイフ，ワイヤストリッパ
③	電線相互の接続に用いる工具	圧着ペンチ
④	電線相互の接続に用いる材料	リングスリーブ，差し込みコネクタ，ねじ込みコネクタ，ボックス

4 その他の工事と工具

表5.4

①	金属製可とう電線管を切断する工具	プリカカッタ
②	コンクリートに穴をあける工具	ドリル，ジャンピング
③	太い電線を切断する工具	ボルトクリッパ

Point
各種電気工事の工具及び材料については，第2部「鑑別問題」を参照のこと．

5.4 電気工事と工具

問題

問1 ノックアウトパンチと同じ用途で使用する工具は.
- イ．パイプベンダ
- ロ．クリッパ
- ハ．ホルソ
- ニ．リーマ

問2 電気工事の種類と使用する工具の組合せとして，適切なものは.
- イ．金属管工事とリーマ
- ロ．合成樹脂管工事とパイプベンダ
- ハ．金属線ぴ工事とクリッパ
- ニ．バスダクト工事と圧着ペンチ

問3 電気工事の材料と使用する工具の組合せとして，不適切なものは.
- イ．平形ビニル外装ケーブルとリングスリーブ用圧着ペンチ
- ロ．金属管とパイプバイス
- ハ．絶縁電線とワイヤストリッパ
- ニ．合成樹脂製電線管とパイプベンダ

問4 電気工事の種類と工具の組合せで，正しいものは.
- イ．合成樹脂管工事：パイプレンチ
- ロ．合成樹脂線ぴ工事：リード式ねじ切り器
- ハ．金属管工事：ウォータポンププライヤ
- ニ．金属線ぴ工事：クリッパ

問5 金属管工事のジョイントボックス内で電線を接続する材料として，適切なものは.
- イ．インサートキャップ
- ロ．差込形コネクタ
- ハ．パイラック
- ニ．カールプラグ

問6 電気工事の作業と使用する工具の組合せとして，誤っているものは.
- イ．金属製キャビネットに穴をあける作業とノックアウトパンチ
- ロ．薄鋼電線管を切断する作業とプリカナイフ
- ハ．木造天井板に電線管を通す穴をあける作業と羽根ぎり
- ニ．硬質塩化ビニル電線管を曲げる作業とトーチランプ

解答

問1 -ハ　問2 -イ　問3 -ニ　問4 -ハ　問5 -ロ　問6 -ロ

5.5 電線

出題項目 Check!
- □ 絶縁電線の記号
- □ ケーブルの記号

1 絶縁電線の記号

絶縁電線の中では，600V二種ビニル絶縁電線（HIV）の許容温度が75℃で，一番熱に強い．

表5.5

記号	電線の種類	許容温度〔℃〕
IV	600Vビニル絶縁電線	60
HIV	600V二種ビニル絶縁電線	75
OW	屋外用ビニル絶縁電線	60
DV	引込用ビニル絶縁電線	60

2 ケーブルの記号

ケーブルの中で，MIケーブルは耐水，耐熱，耐燃にすぐれ，機械的強度も強い．許容温度は250℃である．

表5.6

記号	ケーブルの種類
VVF	600Vビニル絶縁ビニルシースケーブル平形
VVR	600Vビニル絶縁ビニルシースケーブル丸形
CV	架橋ポリエチレン絶縁ビニルシースケーブル
MI	無機絶縁ケーブル（MIケーブル）
EM-EEF	600Vポリエチレン絶縁耐燃性ポリエチレンシースケーブル平形

例題

耐熱性に最もすぐれている絶縁電線はどれか．

イ．引込用ビニル絶縁電線（DV）
ロ．600V二種ビニル絶縁電線（HIV）
ハ．屋外用ビニル絶縁電線（OW）
ニ．600Vビニル絶縁電線（IV）

解説

一般の絶縁電線は周囲温度60℃以下で使用しなければならない．しかし，600V二種ビニル絶縁電線（HIV）は周囲温度75℃まで使用できる．したがって，正解はロである．

Point

一般的な絶縁電線の許容温度は60℃である．しかし，HIVだけは75℃まで耐えられる．

5.5 電線

問題

問1	VVRの記号で表される電線の名称は.	イ．600Vポリエチレン絶縁ビニルケーブル ロ．600VEPゴム絶縁ビニルシースケーブル ハ．600Vビニル絶縁ビニルシースケーブル丸形 ニ．600Vビニル絶縁ビニルキャブタイヤケーブル
問2	低圧屋内配線として，600Vビニル絶縁電線(IV)が使用できる周囲温度は，最高何度〔℃〕未満か.	イ．40　　ロ．60 ハ．90　　ニ．120
問3	耐熱性の最もすぐれている電線は.	イ．MIケーブル ロ．CVケーブル ハ．VVFケーブル ニ．キャブタイヤケーブル
問4	下記のa, b及びcの各電線を記号で示したとき，すべてが正しいものは. a：600Vビニル絶縁電線 b：屋外用ビニル絶縁電線 c：引込用ビニル絶縁電線	イ．a：DV　b：OW　c：IV ロ．a：IV　b：DV　c：OW ハ．a：OW　b：IV　c：DV ニ．a：IV　b：OW　c：DV
問5	耐　次の各電線の記号を上から順に示すと. ①600V二種ビニル絶縁電線 ②屋外用燃性ビニル絶縁電線 ③引込用ビニル絶縁電線	イ．①HIV　②OW　③DV ロ．①HIV　②DV　③OW ハ．①OW　②HIV　③DV ニ．①DV　②OW　③HIV
問6	OWの記号で表される電線の名称は.	イ．600Vビニル絶縁電線 ロ．ビニル外装ケーブル ハ．引込用ビニル絶縁電線 ニ．屋外用ビニル絶縁電線

解答

問1－ハ　　問2－ロ　　問3－イ　　問4－ニ　　問5－イ　　問6－ニ

5.6 スイッチの種類 　重要知識

出題項目 Check!
- □ キャノピスイッチ，ペンダントスイッチ，プルスイッチ
- □ 3路スイッチ，4路スイッチ

1 キャノピスイッチ（図5.6）

電灯器具のフランジ内に取り付ける小形の単極スイッチである．ひもを引いて点滅操作を行う．

2 ペンダントスイッチ（図5.7）

コードの末端に取り付けるスイッチで，照明器具の点滅に用いられる．

3 プルスイッチ（図5.8）

露出形で，天井や柱の上部など高いところに取り付け，ひもを引いて点滅操作を行う．

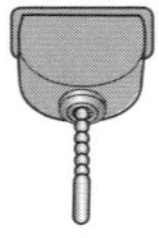

図5.6　キャノピスイッチ 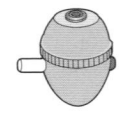　　図5.7　ペンダントスイッチ　　図5.8　プルスイッチ

4 3路スイッチ（図5.9）

1個の電灯を2箇所から点滅させるときに用いる．このスイッチは，単極のタンブラスイッチのようにon-offの印が付いていない．スイッチには0と1と3の端子があり，0が共通で，1と3に切り替えて使う．

2箇所で点滅させるには，3路スイッチを2個用いる．

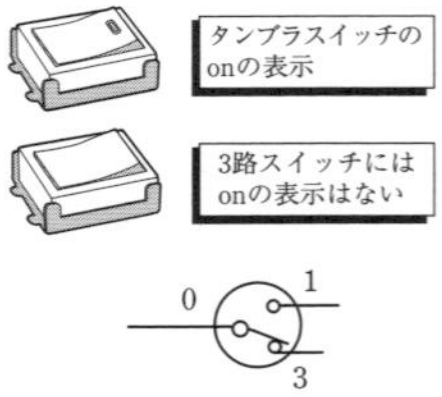

（タンブラスイッチのonの表示）
（3路スイッチにはonの表示はない）

図5.9

5 4路スイッチ（図5.10）

1個の電灯を3箇所以上から点滅させるときに用いる．

外形は3路スイッチと変わらないが，スイッチの働きは，図5.10のように，1-2，3-4と1-4，3-2が切り替わるように動作する．

3箇所で点滅させるには，3路スイッチ2個と4路スイッチ1個を用いる．

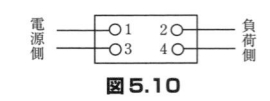

図5.10

Point

3路スイッチと4路スイッチの働きを理解しておこう．

5.6 スイッチの種類

問題

問1	低圧屋内配線のスイッチの使用方法で，誤っているものは．	イ．電灯器具にプルスイッチを使用した． ロ．コードの末端にペンダントスイッチを使用した． ハ．電灯器具にキャノピスイッチを使用した． ニ．三相3線式の開閉器として，3路スイッチを使用した．
問2	40W2灯用蛍光灯を引きひもで点滅させるために使用するスイッチの種類は．	イ．タンブラスイッチ ロ．キャノピスイッチ ハ．コードスイッチ ニ．ペンダントスイッチ
問3	図5.11に示す4路スイッチの動作として，正しいものは． ただし，端子の表示は図の番号のとおりとする． 電源側 ─○1 2○─ 負荷側 　　　 ─○3 4○─ 図5.11	イ．1-3，2-4の開閉 ロ．1-2，3-4の開閉 ハ．1-3，2-4と1-2，3-4の切替 ニ．1-2，3-4と1-4，3-2の切替
問4	キャノピスイッチの説明で正しいものは．	イ．コードの端に取り付ける点滅器 ロ．コードの中間に取り付ける点滅器 ハ．電灯器具のフランジに取り付ける点滅器 ニ．壁に埋め込まれたスイッチボックスに取り付ける点滅器
問5	コードの末端に取り付けるスイッチは．	イ．ロータリースイッチ ロ．ペンダントスイッチ ハ．キャノピスイッチ ニ．タンブラスイッチ
問6	1灯の電灯を3箇所のいずれの場所からでも点滅できるようにするためのスイッチの組合せとして，正しいものは．	イ．3路スイッチ　3個 ロ．単極スイッチ　3個 ハ．4路スイッチ　2個，単極スイッチ　1個 ニ．3路スイッチ　2個，4路スイッチ　1個

解答

問1 ─ ニ　　問2 ─ ロ　　問3 ─ ニ　　問4 ─ ハ　　問5 ─ ロ　　問6 ─ ニ

5.7 点灯回路 　　　　　　　　　　　　　　　　　重要知識

出題項目 Check!
- □ パイロットランプ点滅回路
- □ 3路スイッチと4路スイッチ

1 パイロットランプ

パイロットランプの点灯回路には，次の3種類がある．

① 同時点滅

スイッチのon-offによって，電灯CLとパイロットランプ○が同時に点滅する回路(図5.12)．この回路は，パイロットランプを負荷と考え，スイッチを介して電灯とパイロットランプが並列に接続される．

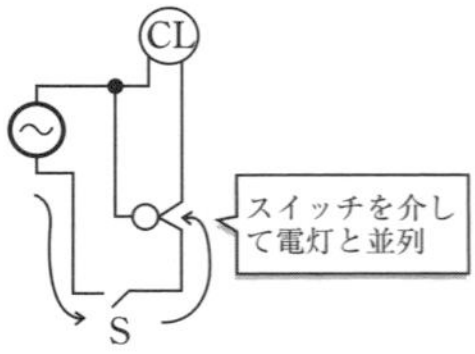

図5.12 同時点滅（スイッチを介して電灯と並列）

② 常時点灯

スイッチのon-offに関わらず，常にパイロットランプが点灯している回路(図5.13)．パイロットランプはスイッチを介さずに電源と並列に接続される．

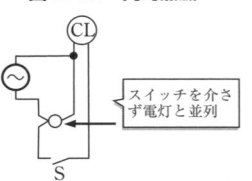

図5.13 常時点灯（スイッチを介さず電灯と並列）

③ 異時点滅

電灯の点灯でパイロットランプは消灯，電灯の消灯でパイロットランプは点灯というように，パイロットランプが電灯と逆の点滅をする回路(図5.14)．パイロットランプはスイッチと並列に接続させる．

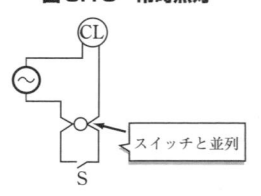

図5.14 異時点滅（スイッチと並列）

2 3路スイッチと4路スイッチ

一つの電灯を二つのスイッチで点滅するときには3路スイッチを用いる．図5.15のように，二つの3路スイッチの端子1と3を接続し，一つのスイッチとして扱う．

一つの電灯を三つ以上のスイッチで点滅するときには4路スイッチを用い，二つの3路スイッチの間に接続する．図5.16は3箇所で点滅する場合の接続である．

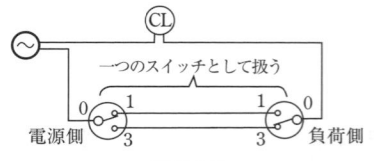

図5.15（一つのスイッチとして扱う，電源側／負荷側）

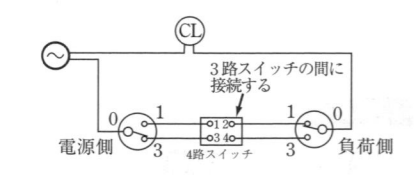

図5.16（3路スイッチの間に接続する，4路スイッチ，電源側／負荷側）

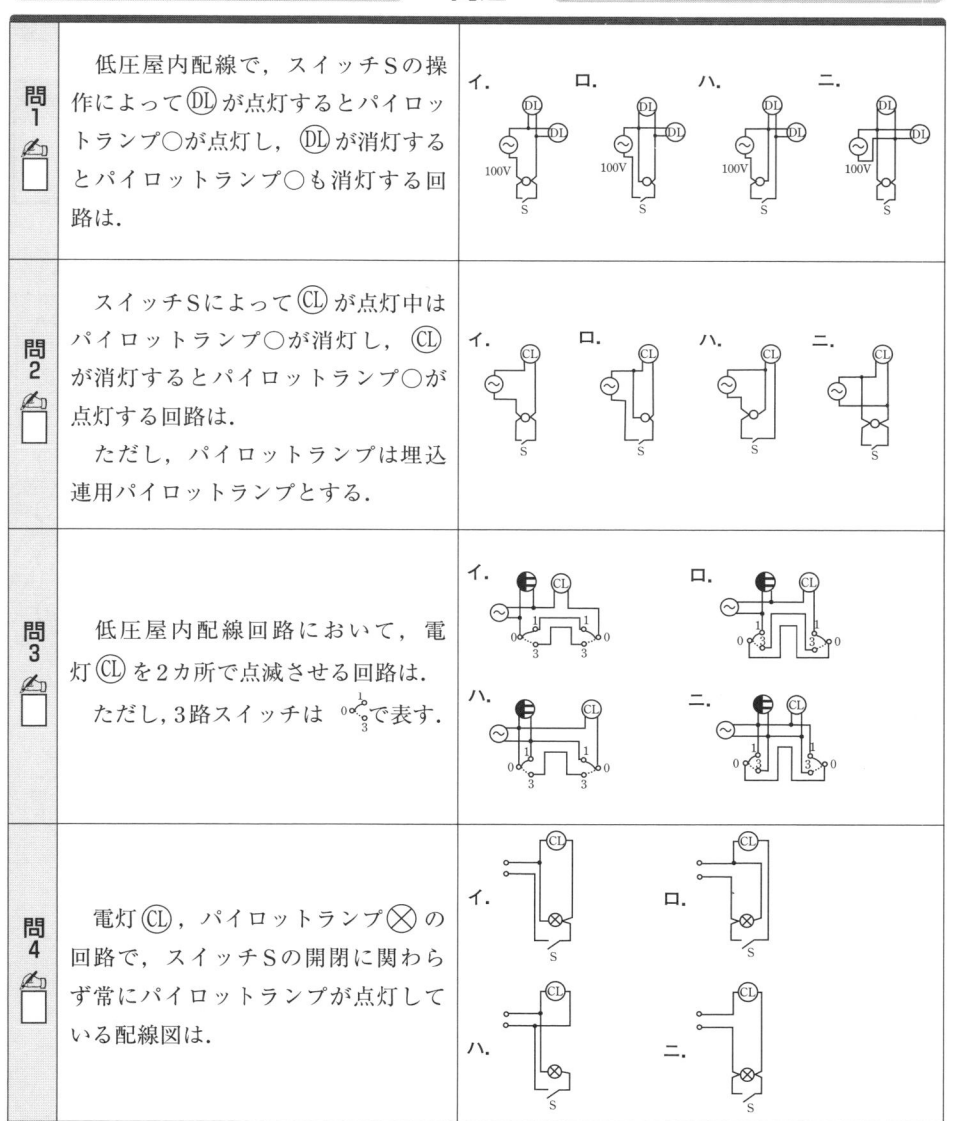

5.7 点灯回路

問題

	問題	選択肢
問1	低圧屋内配線で，スイッチSの操作によって⒟が点灯するとパイロットランプ○が点灯し，⒟が消灯するとパイロットランプ○も消灯する回路は．	イ．ロ．ハ．ニ．
問2	スイッチSによって⒞が点灯中はパイロットランプ○が消灯し，⒞が消灯するとパイロットランプ○が点灯する回路は．ただし，パイロットランプは埋込連用パイロットランプとする．	イ．ロ．ハ．ニ．
問3	低圧屋内配線回路において，電灯⒞を2カ所で点滅させる回路は．ただし，3路スイッチは で表す．	イ．ロ．ハ．ニ．
問4	電灯⒞，パイロットランプ⊗の回路で，スイッチSの開閉に関わらず常にパイロットランプが点灯している配線図は．	イ．ロ．ハ．ニ．

解答

問1 ─ ロ　　**問2** ─ イ　　**問3** ─ イ　　**問4** ─ ロ

5.8 コンセントと差し込みプラグ 〔重要知識〕

出題項目 Check!
- □ コンセントの形状
- □ 接地極付差し込みプラグの抜き差し

1 コンセントの形状

コンセントは，交流，直流，電圧などの電気方式や分岐回路の種類によって異なった用途のプラグが差し込まれないように，表5.7のように形状が規定されている．

一般の家庭に使用されているものは単相100V用であり，この形状には馴染みがある．単相200Vのコンセントは単相200V用エアコンなどに用いられ，単相100Vの電気製品が間違って差し込まれないような横一文字の形状になっている．三相200Vは差し込む極が三つある形状となる．

表5.7

用途	分岐回路	15 A	20A配線用遮断器	30 A
単相 100 V	一般	125V 15A	125V 15A	125V 20A
単相 100 V	接地極付	125V 15A	125V 15A	125V 20A
単相 200 V	一般	250V 15A	250V 15A	250V 20A	250V 30A
単相 200 V	接地極付	250V 15A	250V 15A	250V 20A	250V 30A
三相 200 V	一般	250V 15A	250V 15A	250V 20A	250V 30A
三相 200 V	接地極付	250V 15A	250V 15A	250V 20A	250V 30A

2 接地極付差込プラグの抜き差し

接地極付差込プラグの接地極の刃は，他の刃に比べて長くしてある．この理由は，差し込むときに接地極を他の刃より先に接触させ，抜くときは他の刃より遅く開路させるためである．

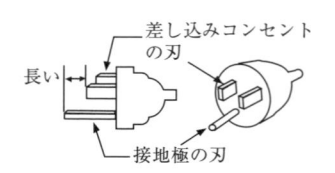

図5.17

Point

単相100V，200V，三相200Vによって，コンセントの形状は異なる．

5.8 コンセントと差し込みプラグ

問題

問1 コンセントの使用電圧と刃受の極配置の組合せとして，誤っているものは．ただし，コンセントの定格電流は15Aとする．

- イ．単相 200〔V〕
- ロ．単相 100〔V〕
- ハ．単相 100〔V〕
- ニ．単相 200〔V〕

問2 コンセントの使用電圧と刃受の形状の組合せで，誤っているものは．

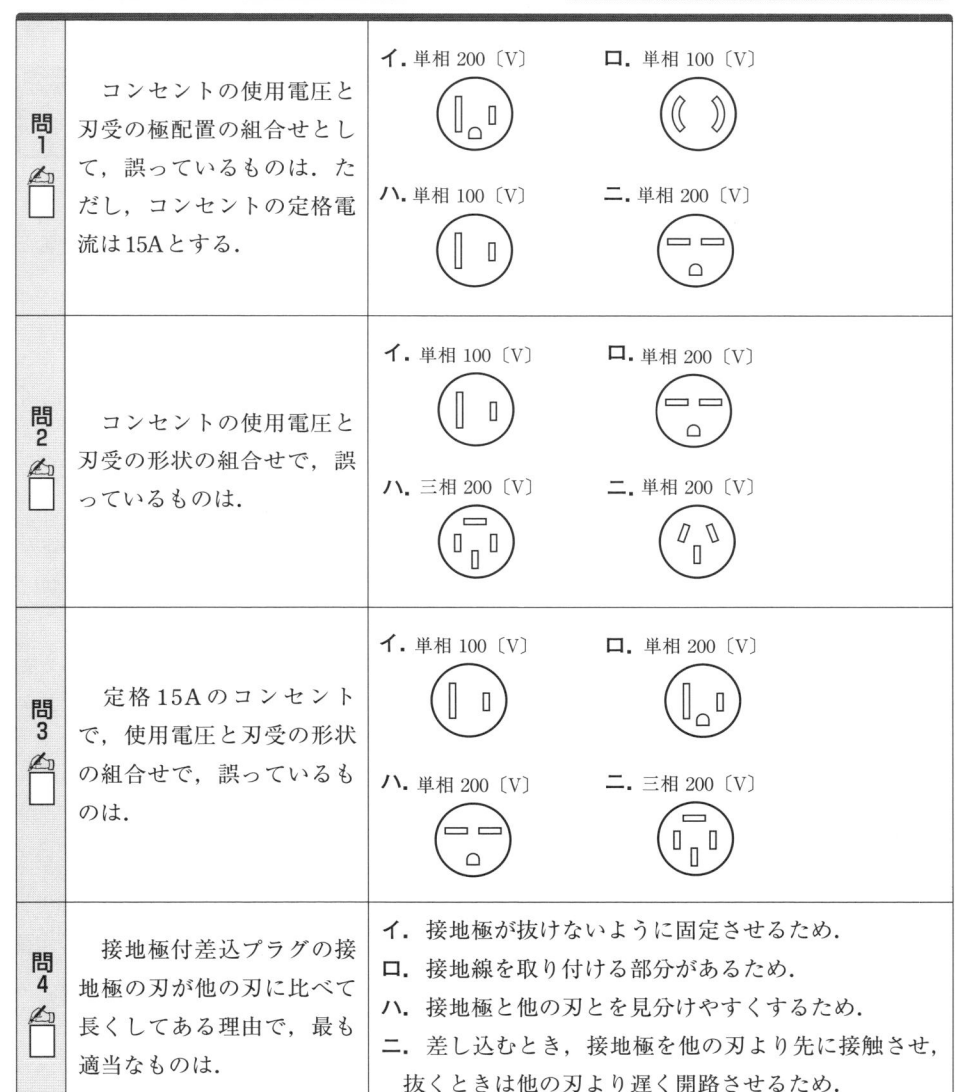

- イ．単相 100〔V〕
- ロ．単相 200〔V〕
- ハ．三相 200〔V〕
- ニ．単相 200〔V〕

問3 定格15Aのコンセントで，使用電圧と刃受の形状の組合せで，誤っているものは．

- イ．単相 100〔V〕
- ロ．単相 200〔V〕
- ハ．単相 200〔V〕
- ニ．三相 200〔V〕

問4 接地極付差込プラグの接地極の刃が他の刃に比べて長くしてある理由で，最も適当なものは．

- イ．接地極が抜けないように固定させるため．
- ロ．接地線を取り付ける部分があるため．
- ハ．接地極と他の刃とを見分けやすくするため．
- ニ．差し込むとき，接地極を他の刃より先に接触させ，抜くときは他の刃より遅く開路させるため．

解答

問1－イ　　**問2**－ニ　　**問3**－ロ　　**問4**－ニ

5.9 過電流遮断器 【重要知識】

出題項目 Check!
- □ 過電流遮断器の施設

1 過電流遮断器

過電流遮断器とは，ヒューズ(カットアウトスイッチ)，配線用遮断器のように過負荷電流及び短絡電流を自動遮断する機能をもつ器具のことである．

2 過電流遮断器の施設

電線及び機械器具を保護するために，電路中の引込口，幹線の電源側，分岐点などの箇所には過電流遮断器を施設する．

過電流遮断器は電路の各極に施設しなければならない．ただし，次の場合を除く．
- ・多線式電路の中性線には，過電流遮断器を施設しない．
- ・一線を接地した対地電圧150V以下の2線式電路において，過電流を生じたときに各極が同時に開路する構造の配線用遮断器を用いる場合，素子は電源側のみ施設し，接地側には素子を設けないことができる．

配線用遮断器には，各極に素子がある2極2素子のものと，どちらか1極に素子がある2極1素子のものがある．これらを区別するため，2極1素子の配線用遮断器には，図5.18のようにN(接地側)という極性表示がある．

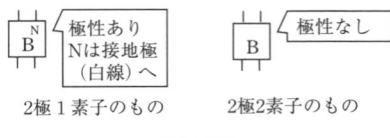

図5.18

単相3線式100/200Vの電路から分岐する箇所に施設する配線用遮断器は，図5.19のように，100V用は2極1素子でNは中性線(接地側)に接続する．200V用は2極2素子配線用遮断器を施設する．

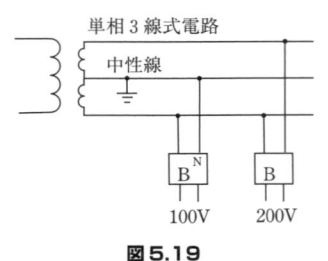

図5.19

Point
配線用遮断器には，2極1素子と2極2素子のものがある．

問題

問1	単相3線式100/200Vの分電盤に配線用遮断器を施設する場合の結線で，適切なものは． ただし，Nは配線用遮断器の端子の極性表示である．	イ．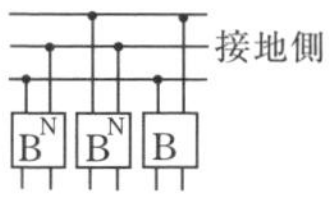接地側 ロ．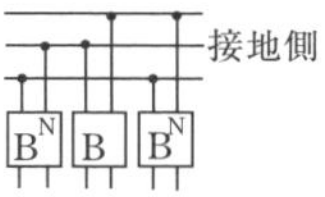接地側 ハ．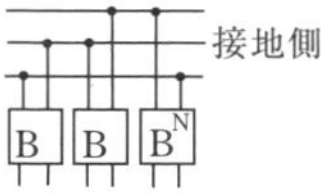接地側 ニ．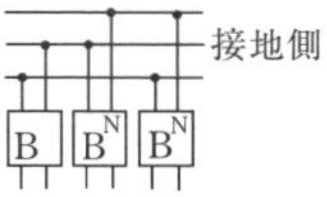接地側
問2	単相3線式100/200Vの分電盤に配線用遮断器を施設する場合で，適切なものは． ただし，Nは配線用遮断器の端子の極性表示を表す．	イ．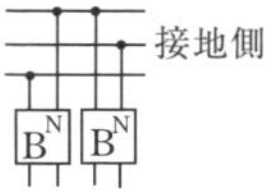接地側 ロ．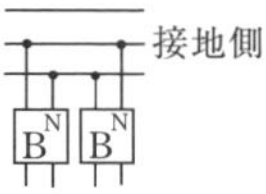接地側 ハ．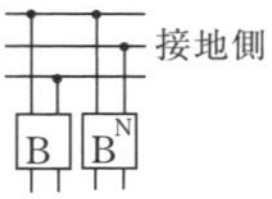接地側 イ．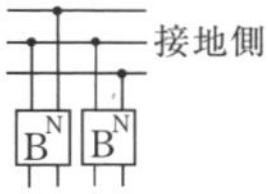接地側
問3	低圧屋内電路を過電流から保護するために施設する機器で，正しいものは．	イ．タンブラスイッチ ロ．配線用遮断器 ハ．自動点滅器 ニ．電磁開閉器
問4	低圧屋内電路を過電流から保護できないものは．	イ．過電流素子付漏電遮断器 ロ．カバー付ナイフスイッチ（ヒューズ付） ハ．カットアウトスイッチ ニ．プルスイッチ

第5章　電気機械・器具

解答

問1－イ　問2－ハ　問3－ロ　問4－ニ

6 電気設備技術基準

6.1 電圧の区分と絶縁抵抗　　　重要知識

出題項目 Check!
- □ 電圧の区分
- □ 絶縁抵抗

1 電圧の区分（電気設備技術基準第2条）

電圧は，表6.1のように低圧，高圧及び特別高圧に区分される．

表6.1

	直　流	交　流
低　圧	750 V以下	600 V以下
高　圧	750 Vを超え7,000 V以下	600 Vを超え7,000 V以下
特別高圧	7,000 Vを超える	

2 絶縁抵抗（電気設備技術基準第58条）

低圧回路の絶縁抵抗値は使用電圧によって，次のように規定されている．

表6.2

電路の使用電圧	絶縁抵抗値	0.1MΩを基準に
150 V以下	0.1MΩ以上	2倍になる
150 Vを超え300 V以下	0.2MΩ以上	
300 Vを超える	0.4MΩ以上	2倍になる

例題

電気設備技術基準で定められている交流の電圧区分で，正しいものは．

- イ．低圧は600V以下，高圧は600Vを超え10,000V以下
- ロ．低圧は600V以下，高圧は600Vを超え7,000V以下
- ハ．低圧は750V以下，高圧は750Vを超え10,000V以下
- ニ．低圧は750V以下，高圧は750Vを超え7,000V以下

解説

表6.1より交流では，低圧は600V以下，高圧は600Vを超え7,000V以下である．したがって，正解はロである．

Point

電圧は低圧，高圧，特別高圧に区分される．
電路の使用電圧によって，絶縁抵抗値が規定されている．

6.1 電圧の区分と絶縁抵抗

問題

問1 100/200V単相3線式屋内配線電路と大地間に必要な絶縁抵抗の最小値〔MΩ〕は．

- イ．2.0
- ロ．1.0
- ハ．0.2
- ニ．0.1

問2 対地電圧200Vの屋内配線と大地間に必要な絶縁抵抗の最小値〔MΩ〕は．

- イ．0.1
- ロ．0.2
- ハ．0.4
- ニ．1

問3 次表は，電気使用場所の開閉器又は過電流遮断器で区切られる低圧電路の使用電圧と絶縁抵抗の最小値についての表である．A・B・Cの空欄にあてはまる数値の組合せで，正しいものは．

電路の使用電圧の区分		絶縁抵抗値
300〔V〕以下	対地電圧150〔V〕以下	A 〔MΩ〕
	その他の場合	B 〔MΩ〕
300〔V〕を超えるもの		C 〔MΩ〕

- イ．A 0.1, B 0.2, C 0.4
- ロ．A 0.1, B 0.3, C 0.5
- ハ．A 0.2, B 0.3, C 0.4
- ニ．A 0.2, B 0.4, C 0.6

問4 屋内電路と大地間の絶縁抵抗を測定した．不良のものは．

- イ．単相2線式100V電灯回路で0.1MΩ
- ロ．三相3線式200V電動機回路で0.15MΩ
- ハ．単相3線式200Vクーラー回路で0.3MΩ
- ニ．三相3線式400V電動機回路で0.4MΩ

問5 電気設備の技術基準による電圧の低圧区分の組合せで，正しいものは．

- イ．直流600V以下，交流750V以下
- ロ．直流750V以下，交流600V以下
- ハ．直流600V以下，交流600V以下
- ニ．直流750V以下，交流300V以下

解答

問1-ニ　**問2**-ロ　**問3**-イ　**問4**-ロ　**問5**-ロ

6.2 接地工事 　　　　　　　　　　　　　　　　　　　　　　　重要知識

出題項目 Check!
□ 接地抵抗の値

1 接地工事

① 電路に施設する機械器具及び金属製外箱には，接地工事を施さなければならない．
接地工事は電圧によって，表6.3に示すような種類がある（電技解釈第19条，23条，29条）．

表6.3 接地工事の区分と接地抵抗，接地線の太さ

機械器具の区分	接地工事	接地抵抗	接地線の太さ
300V以下の低圧用のもの	D種接地工事	100(500)Ω	1.6mm
300Vを超える低圧用のもの	C種接地工事	10(500)Ω	1.6mm
高圧または特別高圧用のもの	A種接地工事	10Ω	2.6mm

（注）（ ）内の数値は，電路に地気を生じた場合に，0.5秒以内に自動的に電路を遮断する装置（漏電遮断器）を施設したときの数値

② 大地との間の電気抵抗が3Ω以下の金属製水道管は，接地工事の接地極として使用できる（電技解釈第22条）．
③ 移動して使用する機械器具の接地線には，0.75mm^2以上の多心キャブタイヤケーブルの1心を使用する（電技解釈第20条）．

例題

三相200V，3.7kWの電動機の鉄台に施した接地工事の接地抵抗を，接地抵抗計を使用して測定し，あわせて接地線の太さを点検した．接地抵抗の測定値a〔Ω〕と接地線（軟銅線）の太さb〔mm〕の組合せとして，適切なものは．

イ．a 600　　b 1.6　　　ロ．a 700　　b 1.6
ハ．a 70　　 b 2.0　　　ニ．a 10　　 b 1.2

解説

電動機の鉄台への接地工事は，電圧が200VなのでD種接地工事となる．D種接地工事は表6.3より，接地抵抗が100Ω以下，接地線の太さが1.6mm以上である．この二つの条件を満足するのは，ハである．

Point

試験に出題される接地工事の問題は，ほとんどがD種またはC種接地工事である．
0.5秒以内に動作する漏電遮断器が取り付けてあると，接地抵抗が500Ω以下になる．

6.2 接地工事

問題

問1 工場の400V三相誘導電動機への配線の絶縁抵抗R_i〔MΩ〕及びこの電動機の鉄台の接地抵抗R_e〔Ω〕を測定した．電気設備技術基準等に適合する測定値の組合せとして，適切なものは．

ただし，400V電路に施設された漏電遮断器の動作時間は1秒とする．

- イ．R_i：2.0　　R_e：100
- ロ．R_i：1.0　　R_e：50
- ハ．R_i：0.4　　R_e：10
- ニ．R_i：0.2　　R_e：5

問2 接地工事を施し，地絡時に0.2秒で電路を遮断する漏電遮断器を取り付けた100Vの自動販売機が屋外に施設されている．接地抵抗値a〔Ω〕と電路の絶縁抵抗値b〔MΩ〕の組合せとして，不良なものは．

- イ．a：100　　b：0.1
- ロ．a：200　　b：0.2
- ハ．a：300　　b：0.4
- ニ．a：600　　b：1.0

問3 定格電圧400Vの三相誘導電動機の鉄台の接地工事をする場合，a：接地線（軟銅線）の太さの最小値，b：接地抵抗の最大値の組合せで，適切なものは．

ただし，漏電遮断器は設置していないものとする．

- イ．a：2.0mm　　b：100Ω
- ロ．a：0.75mm²　　b：50Ω
- ハ．a：1.6mm　　b：10Ω
- ニ．a：1.2mm　　b：5Ω

問4 D種接地工事の施工方法として，不適切なものは．

- イ．接地線に直径1.6mmの軟銅線を使用した．
- ロ．地中に埋設した大地との電気抵抗が3Ωの金属製水道管を接地極に使用した．
- ハ．低圧電路に地絡を生じた場合に1秒以内に自動的に電路を遮断する装置を設置し，接地抵抗値を600Ωとした．
- ニ．移動して使用する電気機械器具の金属製外箱の接地線として，多心キャブタイヤケーブルの断面積0.75mm²の1心を使用した．

解答

問1 −ハ　　問2 −ニ　　問3 −ハ　　問4 −ハ

6.3 接地工事の省略 　重要知識

出題項目 Check!
☐ 接地工事の省略

1 接地工事の省略

電路に施設する機械器具及び金属製外箱には，接地工事を施さなければならない．しかし次の場合は，D種接地工事を省略することができる．

① 電気設備技術基準・解釈第29条より
  ・対地電圧150V以下の機械器具を乾燥した場所に施設する場合．
  ・低圧用機械器具を乾燥した木製の床等で取り扱う場合．
  ・水気のある場所以外で，定格感度電流15mA，動作時間0.1秒以下の漏電遮断器を施設した場合．
  ・電気用品安全法の適用を受ける二重絶縁構造の機械器具を施設する場合．
  ・鉄台または外箱の周囲に適当な絶縁台を設ける場合．
② 金属製外箱と大地間との抵抗値が100Ω以下である場合，D種接地工事を施したとみなし，省略することができる（電技解釈第21条）．
③ 金属管工事におけるD種接地工事の省略（電技解釈第178条）．
  ・使用電圧300V以下で，長さ4m以下の金属管
  ・対地電圧150V以下で，長さ8m以下の金属管

例題

D種接地工事を省略できるものはどれか．
イ．屋外に施設した井戸用ポンプの100V電動機の鉄台．
ロ．漏電遮断器（定格感度電流15mA，動作時間0.1秒の電流動作形）を施設した電路で供給する乾燥した場所の三相200V電動機の鉄台．
ハ．コンクリート床の上で取り扱う三相200V電動機用箱開閉器の金属製外箱．
ニ．乾燥した場所の三相200V屋内配線を収めた長さ6mの金属管．

解説

ロは省略できる．イは屋外で水気のある井戸ポンプの鉄台なので，省略できない．ハは200Vの機械器具をコンクリート上で扱うので，省略できない．もし，木製の台の上または対地電圧が150V以下なら省略できる．ニは使用電圧が200Vで長さ6mの金属管なので，省略できない．もし，長さが4m以下または対地電圧が150V以下なら省略できる．

Point

D種接地工事は，水気のあるとことでは省略できない．

6.3 接地工事の省略

問題

問1	D種接地工事を省略できないものは．ただし，電路には定格感度電流30mA，定格動作時間0.1秒の漏電遮断器が取り付けてあるものとする．	イ．乾燥した場所に施設する三相200V動力配線を収めた長さ4mの金属管． ロ．乾燥したコンクリートの床に施設する三相200Vルームエアコンの金属製外箱部分． ハ．乾燥した木製の床の上で取り扱うように施設する三相200V誘導電動機の鉄台． ニ．乾燥した場所に施設する単相3線式100/200V配線を収めた長さ8mの金属管．
問2	D種接地工事を省略できる場合として，不適切なものは．	イ．100Vの屋内配線で，乾燥した場所において管の長さ4mの金属管に600Vビニル絶縁電線を収めて配線した場合． ロ．水気のある場所に100Vの電気洗濯機を施設し，電路に地絡を生じたときに1秒以内に動作する漏電遮断器を施設した場合． ハ．三相200Vの電動機を乾燥した木製の床上から取り扱うように施設した場合． ニ．三相200Vの金属製外箱を有する分電盤を建物の鉄骨に取り付けたが，その外箱と大地との間の電気抵抗値が100Ω以下の場合．
問3	人が触れるおそれがある屋内の乾燥した場所に施設するもので，D種接地工事を省略できないものは．	イ．三相200V動力配線を収めた長さ4mの金属管． ロ．単相3線式100/200V配線を収めた長さ8mの金属管． ハ．木製の床の上で取り扱うように施設する三相200V誘導電動機の鉄台． ニ．コンクリートの床に施設する三相200Vルームエアコンの金属製外箱．

解答

問1 －ロ　　**問2** －ロ　　**問3** －ニ

6.4 漏電遮断器の施設　　重要知識

出題項目 Check!
- □ 漏電遮断器の施設
- □ 漏電遮断器の省略

1 漏電遮断器の施設

漏電遮断器は**零相変流器を内蔵しており，地絡電流を検出する**ことができる．

金属製外箱を有する使用電圧**60Vを超える低圧の機械器具**を，人が触れるおそれがある場所に施設する場合，その電路には漏電遮断器を設置しなければならない．しかし，以下の場合は省略できる（電技解釈第40条）．

① 機械器具を乾燥した場所に施設する場合．
② 対地電圧150V以下の機械器具を水気のある場所以外の場所に施設する場合．
③ 機械器具に施されたC種またはD種接地工事の接地抵抗値が3Ω以下の場合．
④ 電気用品安全法の適用を受ける二重絶縁構造の機械器具を施設する場合．

例題

低圧の機器等を人が容易に触れるおそれがある場所に施設する場合，それに電気を供給する電路に漏電遮断器を設置しなくてもよいものは．

イ．ライティングダクト工事による低圧屋内配線のダクト．
ロ．水気のある場所に施設した単相100Vの電動機（鉄台の接地抵抗80Ω）．
ハ．雨露にさらされる場所に施設した三相200Vの電動機（鉄台の接地抵抗20Ω）．
ニ．事務所の単相24Vの出退表示灯．

解説

漏電遮断器は，使用電圧が60Vを超える機械器具を人が触れるおそれがある場所に施設する場合に設置する．24Vの出退表示灯は使用電圧が60V以下なので，漏電遮断器を省略できる．したがって，正解はニである．

イのライティングダクトの施設では，「ダクトを人が触れるおそれのある場所に施設するときは，電路に地絡を生じたときに自動的に電路を遮断する装置を施設すること」（電技解釈第185条）という規定があり，省略できない．ロ，ハについては，水気のある場所の電路では，漏電遮断器を省略することはできない．

Point

水気を扱う場所の電路では，漏電遮断器を省略することはできない．

6.4 漏電遮断器の施設

問題

問1	低圧の機器を人が容易に触れるおそれのある場所に施設する場合，それに電気を供給する電路への漏電遮断器の取り付けが省略できないものは．	イ．100Vの電気洗濯機を水気のある場所に施設し，その金属製外箱の接地抵抗値が10Ωであった． ロ．100Vルームエアコンを住宅の和室に施設した． ハ．工場で200Vの三相誘導電動機を乾燥した場所に施設し，その鉄台の接地抵抗値が10Ωであった． ニ．電気用品安全法の適用を受ける二重絶縁構造の電気機器を屋外に施設した．
問2	人が触れるおそれのある場所に施設する金属製外箱を有する機器に電気を供給する電路で，漏電遮断器の省略ができないものは．	イ．水気のある場所に設置した100Vの電気洗濯機（金属製外箱の接地抵抗10Ω）に至る電路． ロ．住宅の和室に施設する100Vのルームエアコンに至る電路． ハ．工場の乾燥した場所に設置した200Vの三相誘導電動機（鉄台の接地抵抗10Ω）に至る電路． ニ．屋外に施設した電気用品安全法の適用を受ける二重絶縁構造の電気機器に至る100Vの電路．
問3	漏電遮断器に内蔵されている零相変流器の目的は．	イ．地絡電流の検出 ロ．短絡電流の検出 ハ．過電圧の検出 ニ．過電流の検出
問4	人が触れるおそれのある場所に施設する金属製外箱を有する機器に電気を供給する電路で，漏電遮断器の設置が省略ができるものは．	イ．建設工事用などの屋外に臨時に施設した100Vの機器に至る電路． ロ．水気のある場所に設置した100Vの単相電動機（鉄台の接地抵抗10Ω）に至る電路． ハ．屋外に施設した三相200Vの電動機（鉄台の接地抵抗20Ω）に至る電路． ニ．事務所の出退表示灯に至る単相24Vの電路．

解答

問1 －イ　　**問2** －イ　　**問3** －イ　　**問4** －ニ

6.5 電線の接続法　　　　　　　　　　　　　　　　重要知識

出題項目 Check!
- □ 電線の接続法
- □ 直接接続できる電線，できない電線

1　電線の接続法（電技解釈第12条）

電線の接続では，次の事項を守らなければならない．
① 電線の電気抵抗を増加させない．
② 電線の強さを20％以上減少させない．
③ 接続部には接続管その他の器具を使用し，または接続部にろう付けする．
④ 接続部は接続器を使用する場合を除き，もとの絶縁物と同等以上のもので被覆する．

2　直接接続できる電線，できない電線

① 直接接続できる電線
　・絶縁電線相互
　・絶縁電線とコード，絶縁電線とキャブタイヤケーブル，絶縁電線とケーブル
　・断面積 $8mm^2$ 以上のキャブタイヤケーブル相互
② 直接接続できず，コード接続器や接続箱を使用するもの
　・コード相互
　・キャブタイヤケーブル相互（断面積 $8mm^2$ 未満のもの）
③ 直接接続できず，接続箱（ジョイントボックスなど）などを使用するもの
　・ケーブル相互

3　接続例

① とも巻による絶縁電線相互の接続

ろう付けし，テープ巻きする。
5回以上ねじる

② 差し込みコネクタによる絶縁電線相互の接続

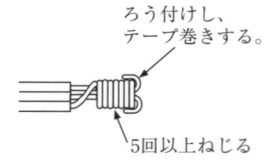

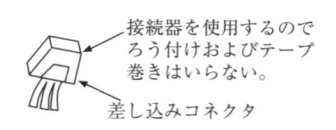

接続器を使用するのでろう付けおよびテープ巻きはいらない。
差し込みコネクタ

Point

① 電線の接続では，**電気抵抗を増加させない，強さを20％以上減少させない．**
② コード相互，断面積 $8mm^2$ 未満のキャブタイヤケーブル相互は，コード接続器を用いる．

6.5 電線の接続法

問題

問1	電線の接続方法についての記述で，不適切なものは． ただし，接続部分は十分にテープ巻きするものとする．	イ．ビニル絶縁電線とビニルコードを直接接続し，ろう付けした． ロ．電線の引張り強さを20％以上減少させないように，電線相互を接続した． ハ．直径2.6mmのビニル絶縁電線相互をスリーブで接続した． ニ．断面積5.5mm²のキャブタイヤケーブル相互を直接接続し，ろう付けした．
問2	電線を接続するとき接続器を使用しなければならないものは．	イ．コード相互 ロ．断面積8mm²のキャブタイヤケーブル ハ．絶縁電線とケーブル ニ．絶縁電線とコード
問3	電線（銅導体）の接続方法について，不適切なものは．	イ．断面積3.5mm²のキャブタイヤケーブル相互をねじり接続し，ろう付けした． ロ．直径2.0mm 1本と直径1.6mm 2本の絶縁電線を差し込みコネクタで接続した． ハ．直径2.6mmのビニル絶縁電線相互をリングスリーブ（E形）で終端接続した． ニ．直径2.0mmのビニル絶縁電線と直径1.6mmのビニル外装ケーブルを巻き付け接続し，ろう付けした．
問5	使用電圧が100Vの屋内配線において，電線（銅導体）の接続方法で不適切なものは．	イ．ビニルコード相互をねじり接続し，ろう付けした． ロ．ビニル絶縁電線とビニル外装ケーブルを圧着スリーブを用いて接続し，ろう付けしなかった． ハ．ビニル外装ケーブル相互をねじり接続し，ろう付けした． ニ．ビニル絶縁電線相互を巻き付け接続し，ろう付けした．

解答

問1 ーニ　　問2 ーイ　　問3 ーイ　　問4 ーイ

6.6 対地電圧の制限と例外　　重要知識

出題項目 Check!
- □ 対地電圧の制限

1 対地電圧1

白熱電灯または放電灯に電気を供給する電路の対地電圧は，150V以下とする．ただし，以下の場合は300Vとすることができる（電技解釈第162条）．
① 人が触れるおそれがないように施設する．
② 屋内配線と直接接続する．
③ 電球受口は点滅機構のないものとする．

2 対地電圧2

住宅の屋内電路の対地電圧は**150V以下**である．ただし，定格消費電力が2kW以上の電気機械器具を次のような条件で施設すれば例外とする（電技解釈第162条）．
① 使用電圧が300V以下であること．
② 人が容易に触れるおそれがないように施設する．
③ 屋内配線と直接接続する．
④ 専用の開閉器及び過電流遮断器を施設する．
⑤ 漏電遮断器を施設する．

例題

住宅に三相200V，2.7kWのルームエアコンを施設する屋内配線工事の方法として，不適切なものは．
イ．電線は人が容易に触れるおそれがないように施設する．
ロ．電路には専用の配線用遮断器を施設する．
ハ．電路には漏電遮断器を施設する．
ニ．ルームエアコンは屋内配線とコンセントで接続する．

解説

住宅に三相200Vを施設する場合は，電気設備技術基準解釈第162条より，①定格消費電力が2kW以上，②人が容易に触れるおそれがないように施設する，③屋内配線と直接接続する，④専用の開閉器及び過電流遮断器を施設する，⑤漏電遮断器を施設する，という条件が必要である．屋内配線との接続は直接接続で，コンセントを用いてはいけない．したがって，ニが不適切である．

Point

工事士の試験では，例外事項がよく出題される．三相200Vの使用については，直接接続し，過電流遮断器，漏電遮断器を設置する．

6.6 対地電圧の制限と例外

問題

問1	住宅の屋内に三相3線式200V用冷房機を施設した．適切な工事方法は．ただし，配線は人が触れるおそれがない隠ぺい工事とする．	イ．定格消費電力が1.5kWの冷房機に供給する電路に，専用の過電流遮断器を取り付け，合成樹脂管工事で配線し，コンセントを使用して機器と接続した． ロ．定格消費電力が1.5kWの冷房機に供給する電路に，専用の過電流遮断器を取り付け，がいし引き工事で配線し，機器と直接接続した． ハ．定格消費電力が2.5kWの冷房機に供給する電路に，専用の過電流遮断器を取り付け，金属管工事で配線し，コンセントを使用して機器と接続した． ニ．定格消費電力が2.5kWの冷房機に供給する電路に，専用の漏電遮断器と過電流遮断器を取り付け，ケーブル工事で配線し，機器と直接接続した．
問2	原則として，住宅の屋内に施設する白熱電灯に至る電路に使用できる対地電圧の最高値〔V〕は．	イ．100　ロ．150 ハ．200　ニ．250
問3	住宅内に施設する三相200V，2kWの電気機械器具の工事方法で誤っているものは．	イ．専用の配線用遮断器を施設する． ロ．電気機械器具及び屋内配線は，人が容易に触れるおそれがないように施設する． ハ．電気機械器具と屋内配線との接続は，コンセントで接続する． ニ．電気を供給する電路には，漏電遮断器を施設する．
問4	住宅の屋内電路に定格消費電力が2kW未満の電気機械器具を施設する場合，この電路の対地電圧の最大値〔V〕は．	イ．100 ロ．150 ハ．200 ニ．250

解答

問1　ニ　　**問2**　ロ　　**問3**　ハ　　**問4**　ロ

7 電気関係法規

7.1 電気事業法　　　　　　　　　　　　　　重要知識

出題項目 Check!

□ 一般用電気工作物と自家用電気工作物

一般用電気工作物と自家用電気工作物の違いは，次のようにして判断する．

1 一般用電気工作物

一般用電気工作物とは，次のような電気工作物をいう．
① **低圧で受電**し，その受電場所と同一の構内で使用する電気工作物．
② 構内に設置し，かつ，構内以外の電気工作物に接続されない次にあげる**小出力発電設備**．
　・出力20kW未満の太陽電池発電設備
　・出力20kW未満の風力発電設備
　・出力10kW未満の水力発電設備
　・出力10kW未満の内燃力発電設備

2 自家用電気工作物

自家用電気工作物とは，次のようなものをいう．
① 高圧で受電するもの．
② 小出力発電設備以外の発電設備があるもの．
③ 火薬類を製造する事業所，甲種炭坑および乙種炭坑の一部．

例題

一般用電気工作物に関する記述として，正しいものはどれか．

イ．低圧で受電する需要設備は，出力25kWの非常用予備発電装置を同一構内に施設しても，一般用電気工作物となる．
ロ．低圧で受電する需要設備は，小出力発電設備を同一構内に施設しても，一般用電気工作物となる．
ハ．高圧で受電する需要設備であっても，需要場所の業種によっては，一般用電気工作物になる場合がある．
ニ．高圧で受電する需要設備は，受電電力の容量，需要場所の業種にかかわらず，すべて一般用電気工作物となる．

解説

一般用電気工作物の第1の条件は，低圧受電である．この点でハとニは誤りである．次に，同じ低圧受電でも発電設備があるか，それが小出力発電設備に該当するかを考える．

7.1 電気事業法

イは非常用予備発電装置があり,その出力が25kWで小出力発電設備に該当せず,一般用電気工作物ではない.低圧で受電し,小出力発電設備を同一構内に施設したロは,一般用電気工作物に該当する.よって,正解はロである.

Point

① 低圧受電は一般用電気工作物,高圧受電は自家用電気工作物である.
② 小出力発電設備は一般用電気工作物である.

問題

問1	一般用電気工作物の適用を受けるものは. ただし,いずれも1構内に設置するものとする.	イ.低圧受電で,受電電力の容量が40kW,出力15kWの太陽電池発電設備を備えた中学校 ロ.低圧受電で,受電電力の容量が45kW,出力15kWの非常用内燃力発電設備を備えた映画館 ハ.高圧受電で,受電電力の容量が65kWの機械工場(発電設備なし) ニ.高圧受電で,受電電力の容量が40kWのコンビニエンスストア(発電設備なし)
問2	自家用電気設備の適用を受けるものは. ただし,いずれも1構内に設置するものとする.	イ.低圧受電で,受電電力の容量が45kW,出力10kWの風力発電設備を備えた展望レストラン ロ.低圧受電で,受電電力の容量が35kWの印刷工場(発電設備なし) ハ.低圧受電で,受電電力の容量が45kW,出力25kWの非常用内燃力発電設備を備えた映画館 ニ.低圧受電で,受電電力の容量が40kW,出力10kWの太陽電池発電設備を備えた事務所ビル
問3	新設の電気工作物で,一般用電気工作物の適用を受けるものは.	イ.高圧受電で,受電電力の容量が100kWの店舗ビル ロ.高圧受電で,受電電力の容量が45kWのレストラン ハ.低圧受電で,受電電力の容量が40kWで30kWの非常用予備発電装置を有する映画館 ニ.低圧受電で,受電電力の容量が45kWの事務所

解答

問1 - イ　　問2 - ハ　　問3 - ニ

7.2 電気工事士法　　重要知識

出題項目 Check!
- □ 電気工事士法の目的
- □ 電気工事士の義務
- □ 工事士免状

1 電気工事士

　第二種電気工事士は，一般用電気工作物に係る電気工事の作業に従事できる．第一種電気工事士は，一般用電気工作物および自家用電気工作物に係る電気工事の作業に従事できる．

　電気工事士法における自家用電気工作物は，最大需要電力500kW未満の自家用需要設備をいう．

2 目的

　電気工事士法の目的は，電気工事の作業に従事する者の資格及び業務を定め，電気工事の欠陥による災害の発生の防止に寄与することである．

3 電気工事士の義務

① 電気工事士は，一般用電気工作物の作業に従事するときは，電気設備の技術基準に適合するように作業をしなければならない．
② 電気工事士は，電気用品安全法の表示が付いた電気用品でなければ，これを電気工事に使用してはならない．

4 電気工事士免状

① 電気工事の作業に従事するときは，電気工事士免状を携帯しなければならない．
② 免状の交付は，都道府県知事に申請する．
③ 免状を汚し，損じ，または失ったときは，免状を交付した都道府県知事に再交付を申請できる．
④ 電気工事士免状には，「免状の種類」，「免状の交付番号及び交付年月日」，「氏名及び生年月日」が記載されている．
⑤ 記載事項に変更を生じたとき（氏名を変更した場合）には，免状を交付した都道府県知事に申請する．
⑥ 住所を変更した場合は，自分で免状の住所欄を訂正しておく．
⑦ 免状の返納を命じられた者は，返納を命じた都道府県知事に返納しなければならない．

Point

　電気工事士法は必ず出題される．よく理解しておこう！！

7.2 電気工事士法

問題

問1 電気工事士法の主な目的は．
- イ．電気工事に従事する主任電気工事士の資格を定める．
- ロ．電気工事の欠陥による災害発生の防止に寄与する．
- ハ．電気工事士の身分を明らかにする．
- ニ．電気工作物の保安調査の義務を明らかにする．

問2 電気工事士の義務または制限に関する記述として，誤っているものは．
- イ．電気工事士は，電気工事の作業に特定電気用品を使用するときは，電気用品安全法に定められた適正な表示が付されたものでなければ使用してはならない．
- ロ．電気工事士は，一般用電気工作物の電気工事の作業を行うときは，電気工事士免状を携帯していなければならない．
- ハ．電気工事士は，一般用電気工作物の電気工事の作業を行うときは，電気設備の技術基準に適合するように工事を行わなければならない．
- ニ．電気工事士は，住所を変更したときには，免状を交付した都道府県知事に申請して免状の書換えをしてもらわなければならない．

問3 電気工事士の免状に関する記述として，誤っているものは．
- イ．免状を汚し再交付の申請をするときは，申請書に該当免状を添えて交付した都道府県知事に提出する．
- ロ．免状の返納を命じられた者は，返納を命じた都道府県知事に返納しなければならない．
- ハ．免状の交付を受けようとする者は，必要な書類を添えて住居地の市町村長に申請する．
- ニ．免状の記載事項とは免許の種類，交付番号及び交付年月日並びに氏名及び生年月日である．

問4 電気工事士免状を紛失したとき，再交付をどこへ申請すればよいか．
- イ．紛失した場所を管轄する都道府県知事
- ロ．紛失した免状を交付した都道府県知事
- ハ．経済産業大臣
- ニ．住所地を管轄する経済産業局長

解答

問1 -ロ　　**問2** -ニ　　**問3** -ハ　　**問4** -ロ

7.3 電気工事士の作業　　重要知識

出題項目 Check!
- 電気工事士でなければできない作業
- 電気工事士でなくてもできる作業

1 電気工事士でなければできない作業（電気工事士施行規則第2条）

① 電線相互を接続する作業
② がいしに電線を取り付ける作業
③ 電線管，線ぴ，ダクトその他これらに類する物に電線を収める作業
④ 配線器具を造営材その他の物件に固定し，またはこれに電線を接続する作業（露出型点滅器または露出型コンセントを取り換える作業を除く．）
⑤ 電線管を曲げ，若しくはねじ切りし，または電線管相互若しくは電線管とボックスその他の附属品とを接続する作業
⑥ ボックスを造営材その他の物件に取り付ける作業
⑦ 電線，電線管，線ぴ，ダクトその他これらに類する物が造営材を貫通する部分に防護装置を取り付ける作業
⑧ 金属製の電線管，線ぴ，ダクトその他これらに類する物またはこれらの附属品を，建造物のメタルラス張り，ワイヤラス張りまたは金属板張りの部分に取り付ける作業
⑨ 配電盤を造営材に取り付ける作業
⑩ 接地線を自家用電気工作物に取り付け，接地線相互若しくは接地線と接地極とを接続し，または接地極を地面に埋設する作業

2 電気工事士でなくても作業ができる軽微な工事（電気工事士法施行令第1条）

① 差込み接続器，ねじ込み接続器，ソケット，ローゼットその他の接続器またはナイフスイッチ，カットアウトスイッチ，スナップスイッチその他の開閉器にコードまたはキャブタイヤケーブルを接続する工事
② 電気機器（配電器具を除く）または蓄電池の端子に電線（コード，キャブタイヤケーブル及びケーブルを含む）をねじ止めする工事
③ 電力量計，電流制限器またはヒューズを取り付け，または取り外す工事
④ 電鈴，インターホン，火災報知器，豆電球その他これらに類する施設に使用する小型変圧器（二次電圧が36V以下）の二次側の配線工事
⑤ 電線を支持する柱，枕木その他これらに類する工作物を設置し，または変更する工事
⑥ 地中電線用の暗渠または管を設置し，または変更する工事

Point
筆記試験のために覚えた電気工事の施工法は，電気工事士でなければできない作業である．

7.3 電気工事士の作業

問題

問1	電気工事士法でa,bともに電気工事士でなければできないものは.	イ. a：がいしに電線を取り付ける作業 　　b：インターホンに使用する小型変圧器(二次側電圧24V)の二次側配線工事 ロ. a：ソケットにコードを接続する工事 　　b：接地線と接地極を接続する作業 ハ. a：金属管に電線を収める作業 　　b：屋内配線にローゼットを取り付ける工事 ニ. a：ヒューズを取り付ける工事 　　b：埋込みコンセントに電線を接続する作業
問2	一般用電気工作物の工事または作業で，a，bとも電気工事士でなければできないものは.	イ. a：電線管にねじを切る. 　　b：開閉器にコードを接続する. ロ. a：電線相互を接続する. 　　b：開閉器のヒューズを取り替える. ハ. a：露出形コンセントを取り替える. 　　b：配電盤を造営材に取り付ける. ニ. a：がいしに電線を取り付ける. 　　b：電線管に電線を収める.
問3	一般用電気工作物の工事において，電気工事士法でa，bとも電気工事士でなければできない作業は.	イ. a：電力量計を取り付ける. 　　b：電動機の端子にキャブタイヤケーブルをねじ止めする. ロ. a：ベルに使用する小型変圧器の二次側配線(24V)を施工する. 　　b：配電盤を造営材に取り付ける. ハ. a：電線管のねじを切る. 　　b：接地極に接地線を接続する. ニ. a：金属製の電線管をワイヤラス張りの壁の貫通部分に取り付ける. 　　b：地中電線用の暗きょを設置する.

解答

問1 －ハ　　**問2** －ニ　　**問3** －ハ

7.4 電気工事業の業務の適正化に関する法律 （重要知識）

出題項目 Check!

- □ 目的, 登録
- □ 主任電気工事士の設置, 電気用品の使用の制限
- □ 器具, 標識, 帳簿

1 目的

この法律は、電気工事業を営む者の登録等及びその業務を規制することにより、その業務の適正な実施を確保し、一般用電気工作物及び自家用電気工作物の保安の確保に資することを目的とする.

2 登録

① 電気工事業を営もうとする者は登録をしなければならない．一つの都道府県の区域内に営業所を設置する場合は、営業所の所在地を管轄する都道府県知事へ、二つ以上の都道府県の区域に営業所を設置する場合は、経済産業大臣へ登録する．

② 登録電気工事業者の登録の有効期限は、5年とする．

3 主任電気工事士の設置

一般用電気工作物の業務を行う電気工事業者は、第一種電気工事士または第二種電気工事士免状取得後電気工事に関し3年以上の実務経験を有する電気工事士を、営業所ごとに主任電気工事士として置かなければならない．

4 電気用品の使用の制限

電気工事業者は、電気用品安全法の表示が付されている電気用品でなければ使用してはならない．

5 器具の備え付け

営業所ごとに絶縁抵抗計、接地抵抗計及び回路計（抵抗と交流電圧を測定できるもの）を備えなければならない．

6 標識

営業所及び電気工事の施工場所ごとに、見やすい場所に標識を揚げなければならない．標識には、次の事項を記載する．①氏名または名称および法人にあってはその代表者の氏名、②営業所の名称及び営業所の業務に係る電気工事の種類、③登録の年月日及び登録番号、④主任電気工事士等の氏名．

7 帳簿

営業所ごと，所定の帳簿を備え5年間保存しなければならない．帳簿には，次の事項を記載する．①注文者の氏名または名称及び住所，②電気工事の種類及び施工場所，③施工年月日，④主任電気工事士等及び作業者の氏名，⑤配線図，⑥検査結果．

問題

問1 電気工事業の業務の適正化に関する法律において，登録電気工事業者が営業所等に揚げる標識に記載することが義務づけられていない項目は．

イ．営業所の名称
ロ．登録番号
ハ．主任電気工事士等の氏名
ニ．電気工事の施工場所名

問2 電気工事業の業務の適正化に関する法律に定める内容に，適合していないものは．

イ．一般用電気工作物の業務を行う電気工事業者は，第一種電気工事士または第二種電気工事士免状取得後電気工事に関し3年以上の実務経験を有する電気工事士を，営業所ごとに主任電気工事士として置かなければならない．
ロ．一般用電気工作物の業務を行う電気工事業者は，営業所ごとに絶縁抵抗計，接地抵抗計及び回路計(抵抗と交流電圧を測定できるもの)を備えなければならない．
ハ．電気工事業者は，営業所ごと，所定の帳簿を備えなければならない，
ニ．登録電気工事業者が引続き電気工事業を営もうとする場合，7年ごとに電気工事業の更新の登録を受けなければならない．

問3 電気工事業の業務の適正化に関する法律において，登録電気工事業者が5年間保存しなければならない帳簿に記載することが義務づけられていない項目は．

イ．施工年月日
ロ．主任電気工事士及び作業者の氏名
ハ．施工金額
ニ．配線図及び検査結果

解答

問1-ニ　　**問2**-ニ　　**問3**-ハ

7.5 電気用品安全法 　　重要知識

出題項目 Check!
- □ 目的
- □ 特定電気用品
- □ 電気用品の表示

1 目的

電気用品安全法は，電気用品の製造，販売等を規制するとともに，電気用品の安全性の確保につき民間事業者の自主的な活動を促進することにより，電気用品による危険及び障害の発生を防止することを目的としている．

ここで，電気用品による危険とは感電や漏電をいい，障害とは電波障害をいう．

2 電気用品

電気用品は，特定電気用品と特定電気用品以外の電気用品がある．

特定電気用品とは，構造または使用方法その他の使用状況から見て特に危険または障害の発生するおそれが多い電気用品であって，政令で定めるものをいう．

特定電気用品の例として，以下のようなものが規定されている．

① 絶縁電線（定格電圧100V以上300V以下，公称断面積100mm^{2}以下）
② ヒューズ（定格電圧100V以上300V以下，定格電流1A以上200A以下）
③ 配線器具（定格電圧100V以上300V以下）で次にあげるもの．
　点滅器（定格電流30A以下），開閉器（定格電流100A以下），カットアウト（定格電流100A以下），接続器（定格電流50A以下）
④ 電流制限器（定格電圧100V以上300V以下および定格電流100A以下）
⑤ 小形単相変圧器（定格一次電圧100V以上300V以下，定格容量500VA以下）
⑥ 電熱器具（定格電圧100V以上300V以下，消費電力10kW以下）で，次にあげるもの．
　電気便座，電気温蔵庫，鑑賞魚用ヒータ，電熱式おもちゃなど
⑦ 電動力応用機器（定格電圧100V以上300V以下）で，次にあげるもの．
　電気ポンプ（1.5kW以下），自動洗浄乾燥式便座，電気マッサージ器など
⑧ 高周波脱毛器（定格電圧100V以上300V以下）
⑨ 磁気治療器，電撃殺虫器，電気浴器用電源装置（定格電圧100V以上300V以下）

3 電気用品の表示

電気用品の表示には，以下のものがある．
① 特定電気用品の表示
　・記号　〈PSE〉

7.5 電気用品安全法

- ・届出事業者の氏名または名称
- ・証明書の交付を受けた検査機関の氏名または名称

② 特定電気用品以外の電気用品の表示
- ・記号　(PSE)
- ・届出事業者の氏名または名称

Point
構造または使用方法その他の使用状況から見て，特に危険または障害の発生するおそれが多い電気用品を特定電気用品という．

問題

問1	電気用品安全法における特定電気用品に関する記述として，誤っているものは．	イ．電気用品の製造の事業を行う者は，一定の要件を満たせば特定電気用品に (PSE) マークを付すことができる． ロ．法令に定める表示のない特定電気用品は販売してはならない． ハ．輸入した特定電気用品には，JISマークを付さなければならない． ニ．電気工事士は，法令に定める表示のない特定電気用品を電気工事に使用してはならない．
問2	電気用品安全法の主な目的は．	イ．電気用品の種類の増加を制限し，使用者の選択を容易にする． ロ．電気用品の規格等を統一し，電気用品の互換性を高める． ハ．電気用品による危険及び障害の発生を防止する． ニ．電気用品の販売価格の基準を定め，消費者の利益の保護を図る．
問3	(PSE) のマークの意味は．	イ．届け出事業者のマーク ロ．日本工業規格のマーク ハ．特定電気用品のマーク ニ．特定電気用品以外の電気用品のマーク

解答

問1　-ハ　　**問2**　-ハ　　**問3**　-ハ

問題

問4	電気用品安全法により特定電気用品の適用を受けるものは.	イ．消費電力40〔W〕の蛍光ランプ ロ．外径25〔mm〕の金属製電線管 ハ．定格電流60〔A〕の配線用遮断器 ニ．消費電力30〔W〕の換気扇
問5	電気用品安全法における特定電気用品に関する記述として，誤っているものは.	イ．電気用品の製造の事業を行う者は，一定の要件を満たせば製造した特定電気用品に ⟨PS E⟩ の表示を付すことができる. ロ．電気用品の輸入の事業を行う者は，一定の要件を満たせば輸入した特定電気用品に (PS E) の表示を付すことができる. ハ．電気用品の販売の事業を行う者は，経済産業大臣の承認を受けた場合等を除き，法令に定める表示のない特定電気用品を販売してはならない. ニ．電気工事士は，経済産業大臣の承認を受けた場合等を除き，法令に定める表示のない特定電気用品を電気工事に使用してはならない.
問6	電気用品安全法により，電気工事に使用する特定電気用品に付することが要求されていない表示は.	イ．製造年月日 ロ．届出事業者名 ハ．検査機関名 ニ．⟨PS E⟩ または＜PS＞Eの記号
問7	電気用品安全法に定める特定電気用品の適用を受けるものは.	イ．チューブサポート（ネオンがいし） ロ．地中電線路用ヒューム管（内径150〔mm〕） ハ．22〔mm^2〕用ボルト形コネクタ ニ．600Vビニル絶縁電線（38〔mm^2〕）

解答

問4 －ハ　　問5 －ロ　　問6 －イ　　問7 －ニ

第2部
鑑別問題

8 電線管工事

8.1 電線管工事の工具 1　　重要知識

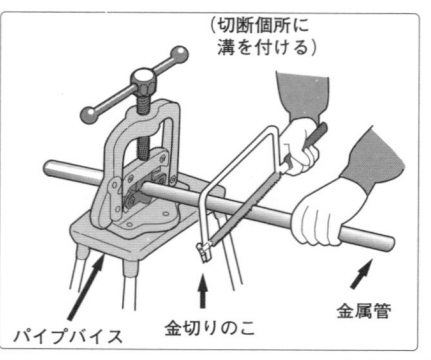

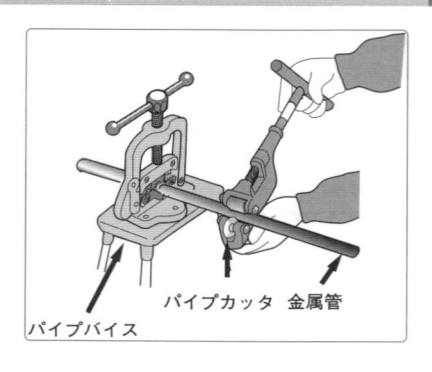

図8.1　金属管の切断

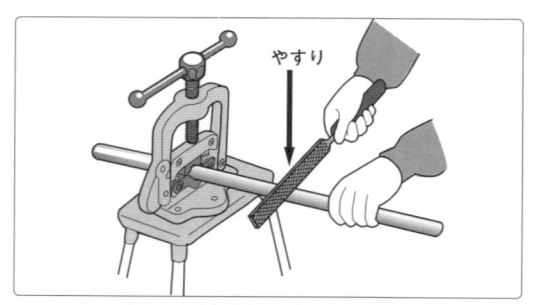

図8.2　金属管の表面のバリを取る

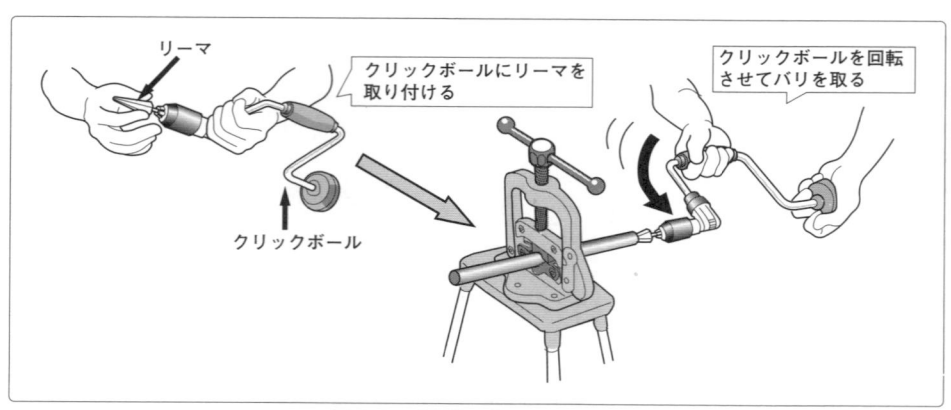

図8.3　金属管の内面のバリ取り

電線管工事の工具

	写　真	名　称	用　途
1		パイプバイス	金属管の切断およびねじ切り時に用いる．これで金属管を固定する．（図8.1，図8.2）
2		金切りのこ	金属管，鋼材または太い電線などの切断に用いる．（図8.1）
3		パイプカッタ	金属管の切断の際に使用する．（図8.1）
4		ヤスリ	電線管のバリなどを取り除くのに用いる．（図8.2）
5		リーマ	クリックボールの先端に取り付けて，金属管内面の仕上げ（バリ取り）に用いる．（図8.3）
6		クリックボール **Point** 中央をもって回す	先端にリーマを取り付けて，金属管内面のバリ取りに用いる．また，羽根切りを取り付けて木材に穴をあけるのに用いる．（図8.3）

8.2 電線管工事の工具 2　　重要知識

図8.4　金属管のねじ切り（ダイスを取り付け，ねじを切る／ダイス）

図8.5　金属管の曲げ（パイプベンダ）

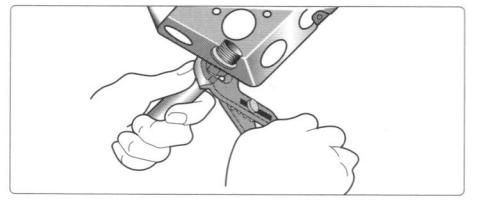

図8.6　ウォータポンププライヤによるロックナットの締め付け

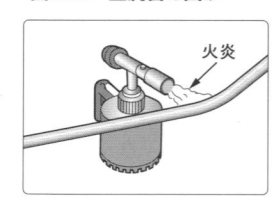

図8.7　合成樹脂管の曲げ（火炎）

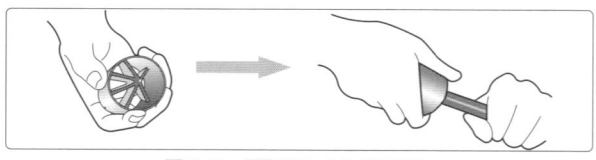

図8.8　面取器によるバリ取り

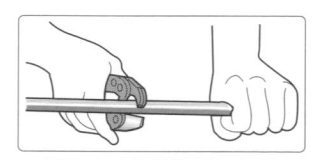

図8.9　合成樹脂管の切断

電線管工事の工具

	写　真	名　称	用　途
7		リード型ラチェット式ねじ切り器	金属管のねじ切りに用いる．（図8・4） **Point** 頭部にねじを切るダイス
8		ダイス	金属管のねじ切りに用いる．リード型ラチェット式ねじ切り器や下図のような丸駒形のねじ切り器に取り付けて使用する．（図8・4）

9		パイプベンダ	金属管の曲げ加工に用いる．（図8.5）
10		油圧式パイプベンダ	太い金属管を曲げるのに用いる．
11		パイプレンチ	ねじを切った太い金属管相互を接続するときに用いる．
12		ウォータポンププライヤ	金属管の接続や固定などの配管作業に用いる．（図8.6）
13		ガストーチランプ	合成樹脂管の曲げ加工に用いる．（図8.7）
14		面取器	合成樹脂管を切断した後の管端の仕上げに用いる．（図8.8）
15		合成樹脂管用カッタ（塩ビカッタ）	合成樹脂管の切断に用いる．（図8.9）

8.3 電線管工事の工具と器具 1 　重要知識

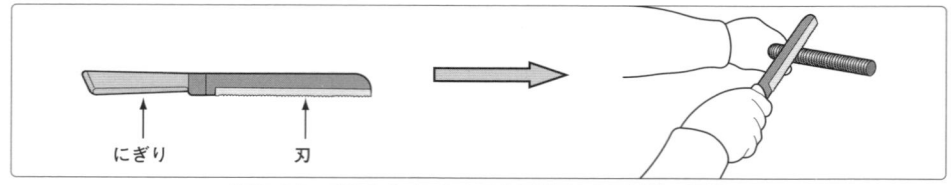

図8.10　プリカナイフによる金属製可とう電線管の切断

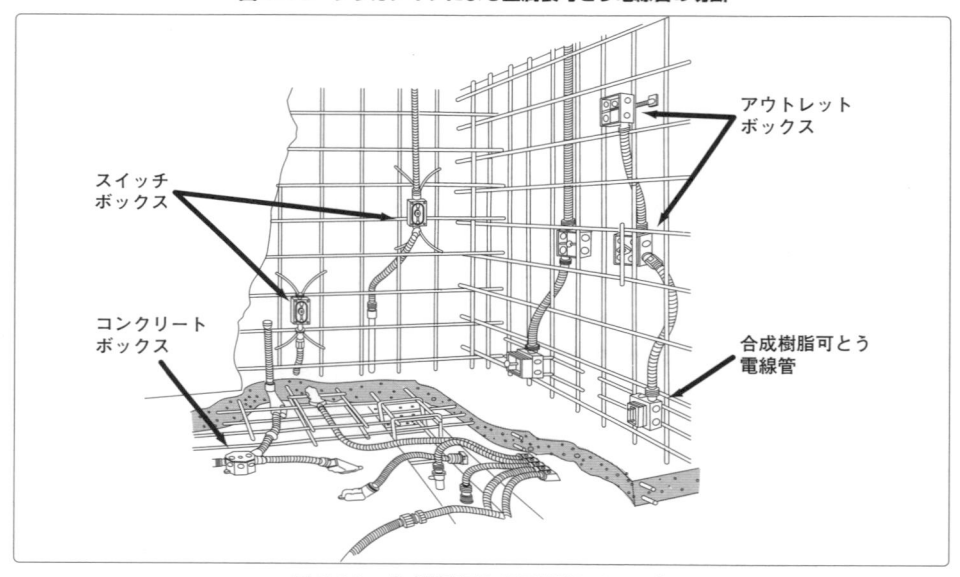

図8.11　合成樹脂可とう電線管による工事

電線管工事の工具と器具

	写　真	名　称	用　途
16		プリカナイフ	金属製可とう電線管の切断に用いる．（図8.10）
17		呼び線挿入器 **Point** ピアノ線が巻かれている	金属管に電線を通線するのに用いる．

8.3 電線管工事の工具と器具 1

18		アウトレットボックス **Point** つめが内向きはアウトレットボックス	照明器具の取り付けや電線の接続箇所として用いる．（図8.11）
19		スイッチボックス	金属管工事において，スイッチやコンセントを取り付けるのに用いる．（図8.11）
20		コンクリートボックス **Point** つめが外向きはコンクリートボックス	コンクリートに埋め込んで，管の交差場所や電灯などの取り付けに用いる．（図8.11） アウトレットボックスとの違いは，ボックス固定用のつめが2箇所付いている（①印）こと，および底面がねじ止めしてあり，取り外しが可能なこと（②印）である．
21		合成樹脂可とう電線管	可とう性を必要とする場所に用いる．（図8.11）
22		金属製可とう電線管	金属製可とう電線管（プリカチューブ）といい，可とう性を必要とする場所に用いる．（図8.10）

第8章 電線管工事

8.4 電線管工事の器具 2 【重要知識】

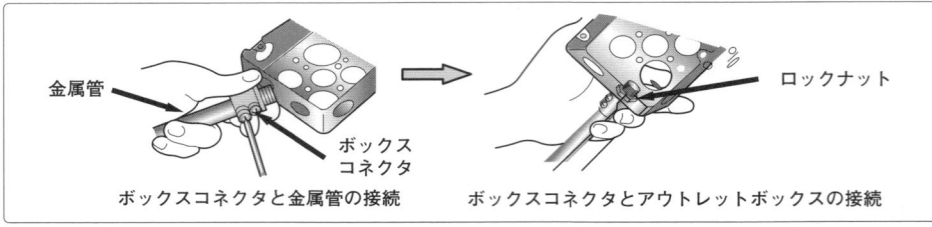

図8.12 金属管とボックスの接続
- 金属管 / ボックスコネクタ：ボックスコネクタと金属管の接続
- ロックナット：ボックスコネクタとアウトレットボックスの接続

図8.13 リングレジューサによるボックスの接続
- リングレジューサ
- 金属管の径よりボックスの径が大きいとき
- リングレジューサでボックスをはさんで，ロックナットで固定する
- もう1枚のリングレジューサでボックスをはさむ

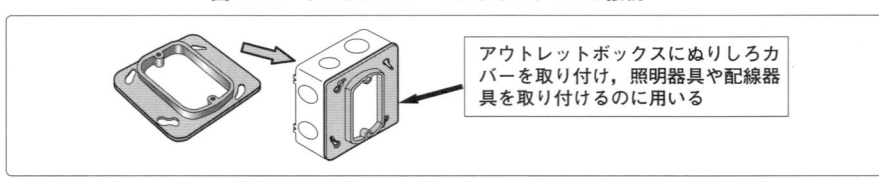

図8.14 ぬりしろカバー
- アウトレットボックスにぬりしろカバーを取り付け，照明器具や配線器具を取り付けるのに用いる

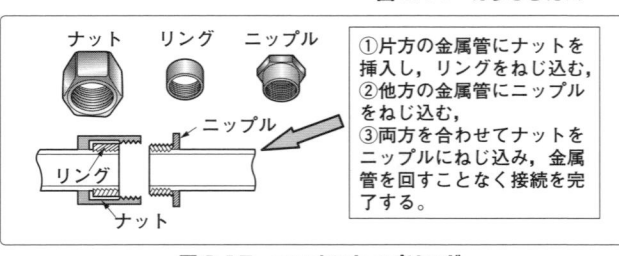

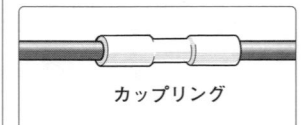

図8.15 ユニオンカップリング
- ナット／リング／ニップル
- ①片方の金属管にナットを挿入し，リングをねじ込む．
- ②他方の金属管にニップルをねじ込む．
- ③両方を合わせてナットをニップルにねじ込み，金属管を回すことなく接続を完了する．

図8.16 TSカップリング
- カップリング

電線管工事の器具

	写 真	名 称	用 途
23		ねじなしボックスコネクタ	金属管とボックスを接続するのに用いる．（図8.12）

8.4 電線管工事の器具 2

24		ロックナット **Point** 表と裏がある	金属管とボックスとを接続する場合など，ボックスの内と外から締め付けるのに用いる．（図8.12）
25		リングレジューサ **Point** 中空円板で突起あり	ボックスのノックアウトの径が金属管の径より大きい場合に用いる．（図8.13）
26		ぬりしろカバー	アウトレットボックスなどの表面に取り付け，壁や天井の仕上げ面を調整し，照明器具や配線器具を取り付けるのに用いる．（図8.14）
27		ねじなしカップリング	ねじを切らずに金属管相互を接続するのに用いる． **Point** ねじがあってもねじなし
28		コンビネーションカップリング	金属製可とう電線管と金属管とを接続するのに用いる．
29		ユニオンカップリング	両方の金属管とも回すことができない場合の金属管相互の接続に用いる．（図8.15）
30		TSカップリング **Point** 両側がふくれた筒	合成樹脂管相互を接続するのに用いる．（図8.16）

第8章 電線管工事

8.5 電線管工事の器具 3 　重要知識

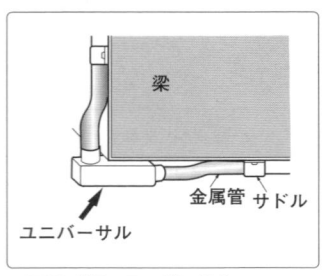

図8.17　ユニバーサル

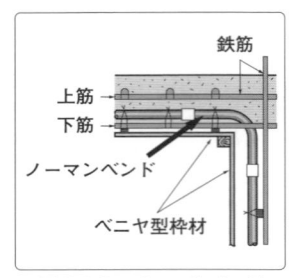

図8.18　ノーマルベンド

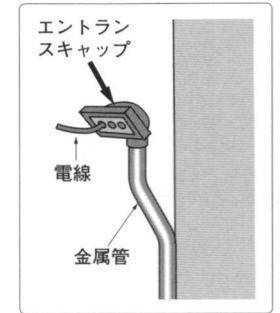

図8.19　エントランスキャップ

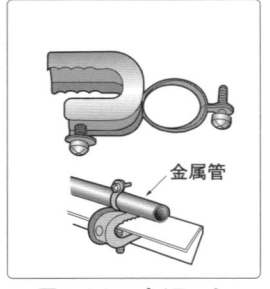

図8.20　パイラック

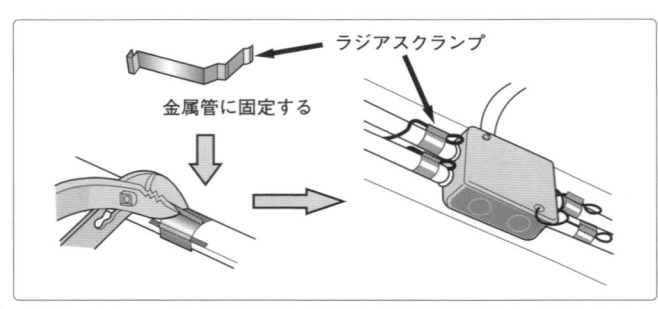

図8.21　ラジアスクランプ

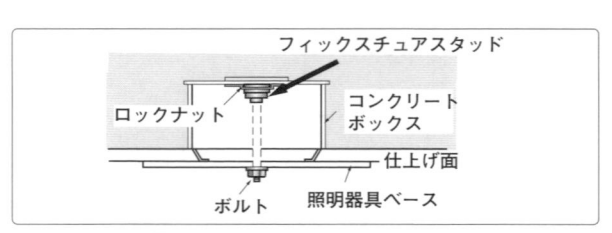

図8.22　フィックスチュアスタッド

電線管工事の器具

	写　真	名　称	用　途
31		ユニバーサル	露出金属管工事の直角部分に用いる．（図8.17）

8.5 電線管工事の器具 3

32		ノーマルベンド	金属管の直角屈曲箇所に用いる．（図8.18）
33		エントランスキャップ	金属管の引き込み口や管端に取り付けて，雨水が入らないようにするのに用いる．（図8.19）
34		ウェザーキャップ	エントランスキャップと同じ目的で，金属管の引き込み口や管端に取り付けて，雨水が入らないようにするのに用いる．
35		パイラック	金属管を鉄骨などに固定するのに用いる．（図8.20）
36		接地金具(ラジアスクランプ) **Point** 短冊形で両端に曲がりあり	金属管に接地線を接続するのに用いる．（図8.21）
37		フィックスチュアスタッド	アウトレットボックス（コンクリートボックス）に照明金具を取り付けるのに用いる．（図8.22）

第8章 電線管工事

121

9 ケーブル工事

9.1 ケーブル工事の器具 重要知識

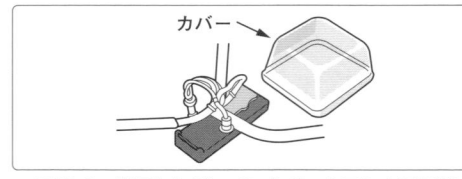

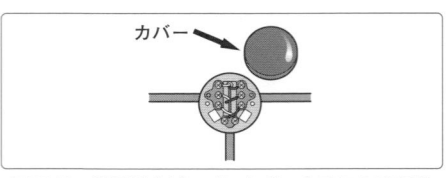

図9.1 端子なしジョイントボックスによる配線

図9.2 端子付きジョイントボックスによる配線

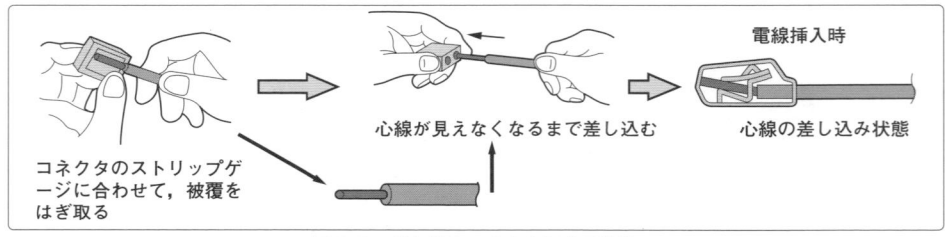

図9.3 差し込みコネクタによる接続

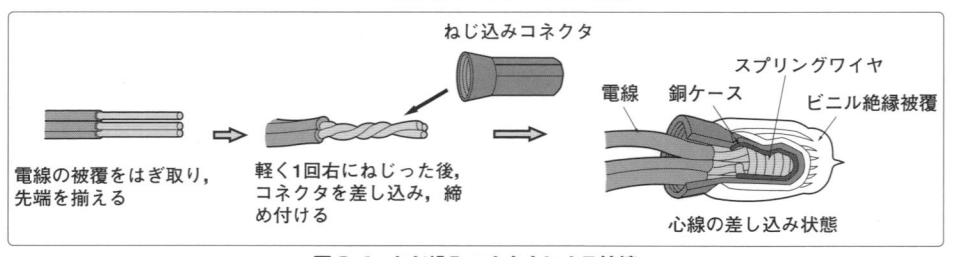

図9.4 ねじ込みコネクタによる接続

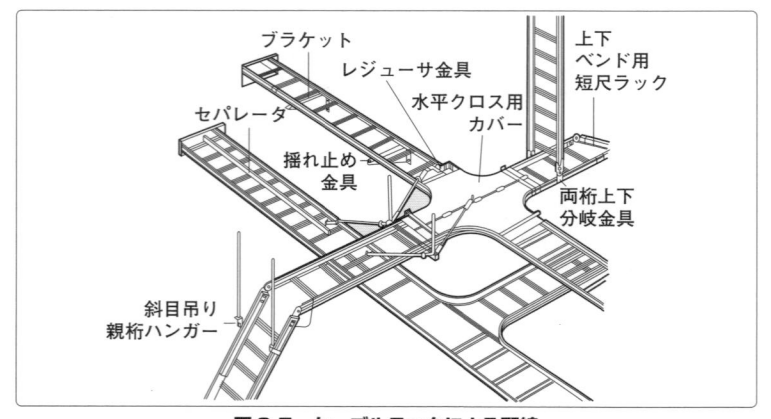

図9.5 ケーブルラックによる配線

9.1 ケーブル工事の器具

ケーブル工事の器具

	写 真	名 称	用 途
1		ビニル外装ケーブル用ジョイントボックス(端子なし)	ビニル外装ケーブルを接続するために用いる．
2		端子付きジョイントボックス	ビニル外装ケーブルを接続するために用いる． (図9.2)
3		差込形コネクタ	ボックス内での電線の終端接続に用いる． (図9.3)
4		ねじ込形コネクタ	ボックス内での電線の終端接続に用いる． (図9.4)
5		ケーブルラック	鉄筋コンクリート建物などの造営材に取り付け，多数のケーブルを配線するのに用いる． (図9.5)

9.2 ケーブル工事の工具 　重要知識

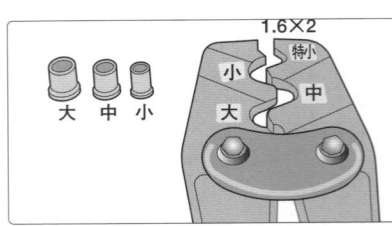

リングスリーブ(E形)の種類と電線の本数

	1.6mm	2.0mm	2.6mm
小	2〜4本	2本	−
中	5〜6本	3〜4本	2本
大	7本	5本	3本

図9.6　リングスリーブ用圧着ペンチとリングスリーブ

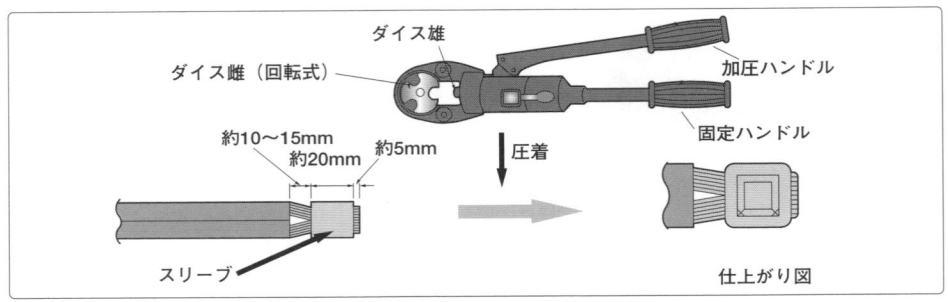

図9.7　手動油圧式圧着工具による接続

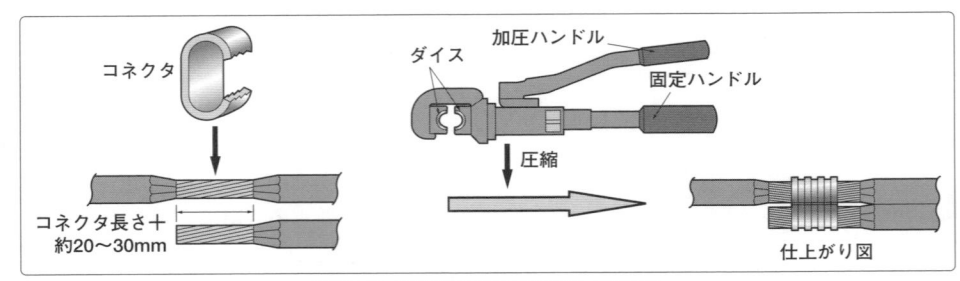

図9.8　手動油圧式圧縮工具による接続

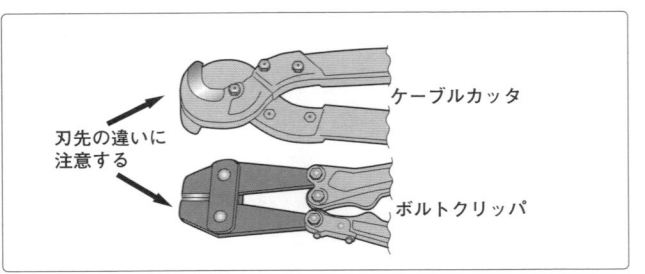

図9.9　ケーブルカッタとボルトクリッパの刃の違い

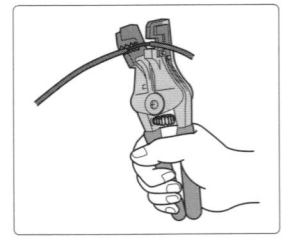

図9.10　ワイヤストリッパによる被覆のはぎ取り

9.2 ケーブル工事の工具

ケーブル工事の器具

	写真	名称	用途
6		リングスリーブ用圧着ペンチ **Point** 刃が波の形	リングスリーブを圧着し，電線を接続するのに用いる． （図9.6）
7		油圧式圧着ペンチ	太い電線の圧着接続に用いる． （図9.7）
8		油圧式圧縮ペンチ	C形圧縮端子の圧縮接続に用いる． （図9.8）
9		ケーブルカッタ **Point** 半円の刃が重なり合う	太い電線やケーブルの切断に用いる． （図9.9）
10		ボルトクリッパ **Point** まっすぐな刃が向かい合っている	メッセンジャワイヤ，電線などの切断に用いる． （図9.9）
11		ワイヤストリッパ **Point** 各種電線の径がある刃先	電線被覆のはぎ取りに用いる． （図9.10）

第9章 ケーブル工事

10 ダクト工事

10.1 ダクト工事の器具　　重要知識

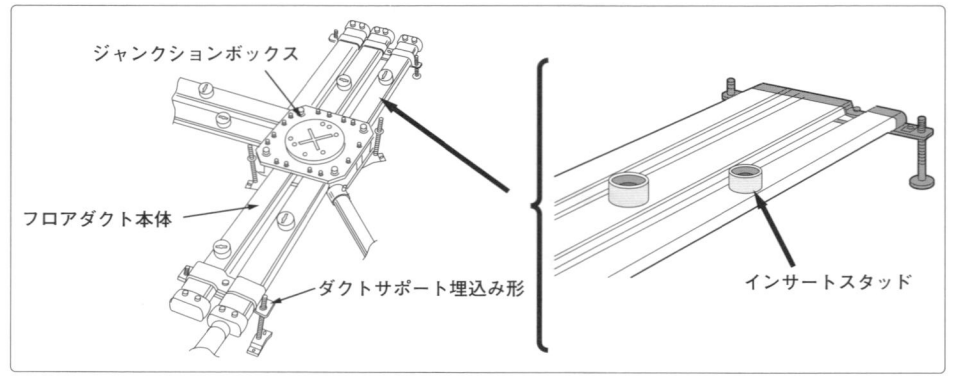

図10.1　フロアダクト工事

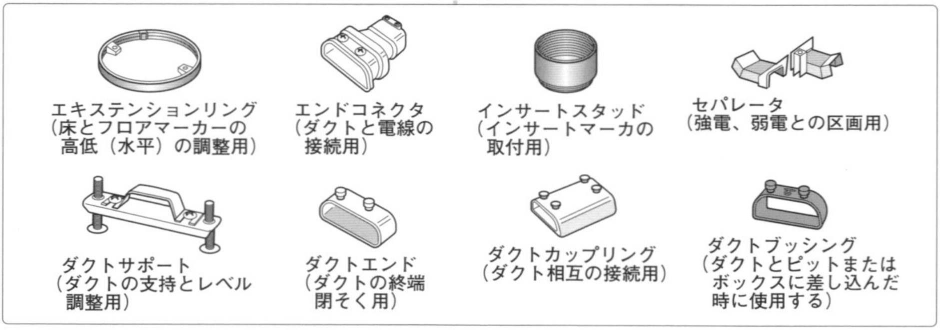

- ジャンクションボックス
- フロアダクト本体
- ダクトサポート埋込み形
- インサートスタッド

図10.2　フロアダクト工事の器具

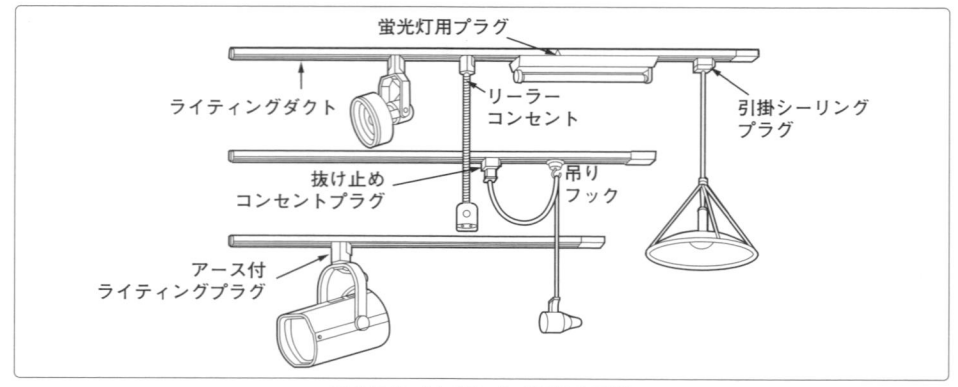

- エキステンションリング（床とフロアマーカーの高低（水平）の調整用）
- エンドコネクタ（ダクトと電線の接続用）
- インサートスタッド（インサートマーカの取付用）
- セパレータ（強電、弱電との区画用）
- ダクトサポート（ダクトの支持とレベル調整用）
- ダクトエンド（ダクトの終端閉そく用）
- ダクトカップリング（ダクト相互の接続用）
- ダクトブッシング（ダクトとピットまたはボックスに差し込んだ時に使用する）

図10.3　ライティングダクト工事

- 蛍光灯用プラグ
- ライティングダクト
- リーラーコンセント
- 引掛シーリングプラグ
- 抜け止めコンセントプラグ
- 吊りフック
- アース付ライティングプラグ

10.1 ダクト工事の器具

ダスト工事の器具

写真	名称	用
1	フロアダクト用ジャンクションボックス	フロアダクトを接続し，電線の接続や引き入れを行うのに用いる.
2	ダクトカップリング	フロアダクト相互を接続するのに用いる.（図10.2）
3	ダクトサポート	フロアダクトを固定するのに用いる.（図10.2）
4 (約42mm)	インサートキャップ	インサートスタッドにねじ込んで使用する.（図10.2）
5 (標準寸法3,600 [mm])	フロアダクト	乾燥したコンクリートなどの床内に埋込施設され，コンセントや通信設備の配線に用いる.（図10.1）
6 (硬質塩化ビニル，導体（銅等）)	ランティングダクト	照明器具などを任意の位置で使用する場合に用いる.（図10.3）

第10章 ダクト工事の器具

11 配線器具

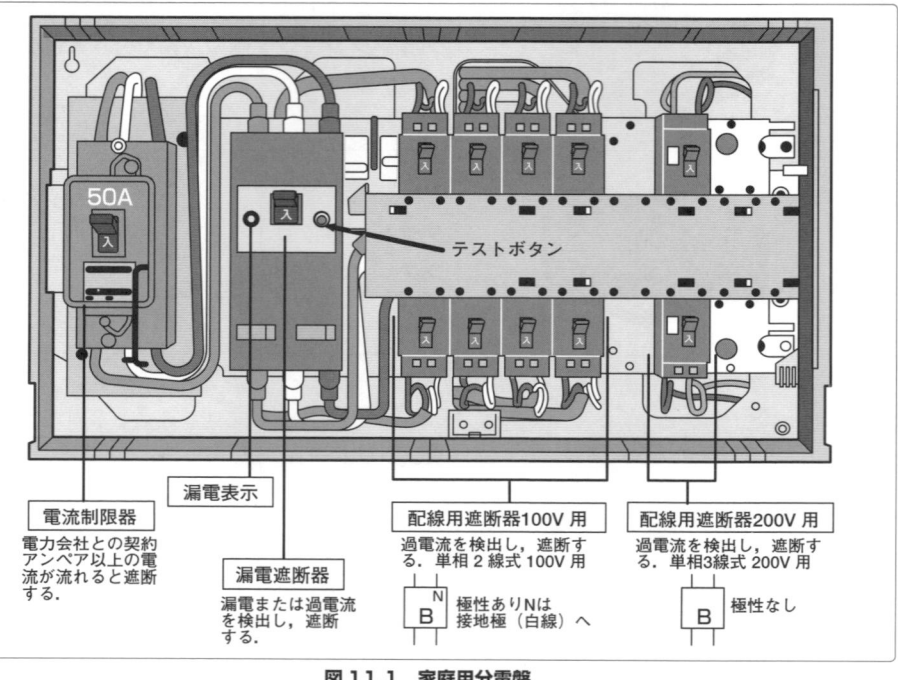

11.1 配線器具 1 　　　　　　　　　　　　　　　重要知識

図 11.1　家庭用分電盤

- **電流制限器**：電力会社との契約アンペア以上の電流が流れると遮断する．
- **漏電表示**
- **漏電遮断器**：漏電または過電流を検出し，遮断する．
- **配線用遮断器100V用**：過電流を検出し，遮断する．単相2線式100V用
  - 極性ありNは接地極（白線）へ
- **配線用遮断器200V用**：過電流を検出し，遮断する．単相3線式200V用
  - 極性なし
- テストボタン
- 50A

配線器具

	写真	名称	用途
1		配線用遮断器	分岐回路に取り付けて，過負荷や短絡保護に用いる．下図は，「2極2素子」のもので，主として単相3線式200Vの電路の過電流保護用として用いる．（図11.1）　110/220V 2極2素子 20A

2		過電流素子付漏電遮断器	漏電または過電流を検出し，回路を遮断するのに用いる．（図11.1） **Point** 漏電遮断器には「テストボタン」があり，これで区別する．
3		モータブレーカ（電動機用配線用遮断器）	電動機回路の過負荷を検出し遮断するのに用いる． **Point** 銘板に「kW」の表示がある．
4		交流電磁開閉器	電磁接触器とサーマルリレーによって，回路の開閉と過電流の保護ができる．
5		箱開閉器	金属製またはプラスチック製で，外部のハンドルでON-OFFを操作する． **Point** ON-OFFを操作するハンドルあり．

11.2 配線器具 2　　重要知識

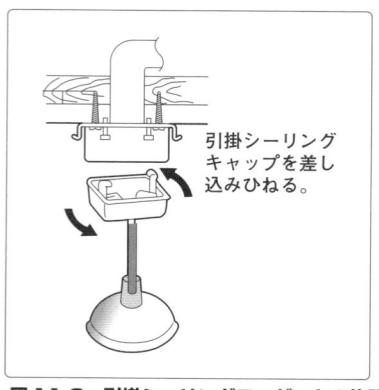

図11.2　引掛シーリングローゼットの施設

引掛シーリングキャップを差し込みひねる。

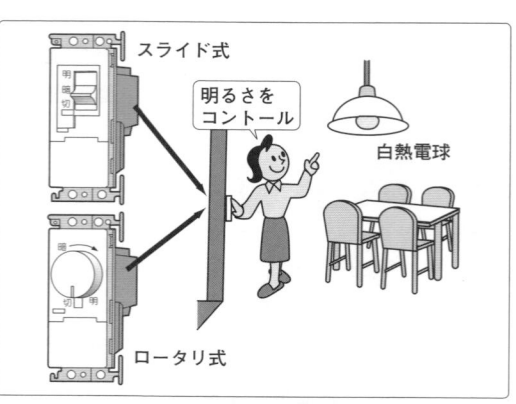

図11.3　調光器による明るさの調節

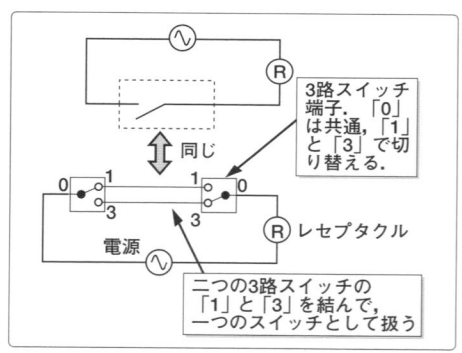

スライド式
ロータリ式
明るさをコントロール
白熱電球

図11.4　3路スイッチを用いた回路

3路スイッチ端子．「0」は共通，「1」と「3」で切り替える．
二つの3路スイッチの「1」と「3」を結んで，一つのスイッチとして扱う
同じ
電源
レセプタクル

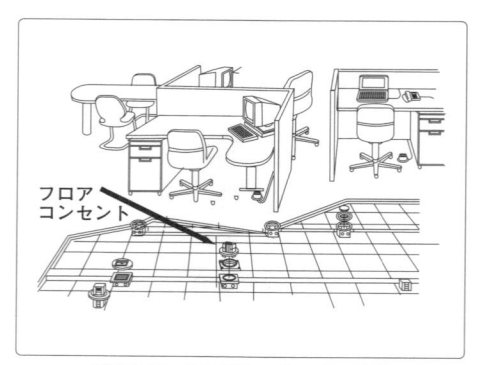

図11.5　フロアコンセントの施設

フロアコンセント

配線器具

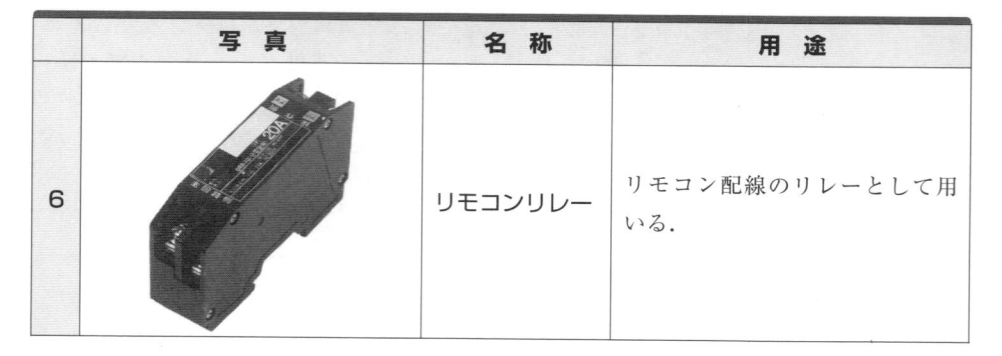

	写　真	名　称	用　途
6		リモコンリレー	リモコン配線のリレーとして用いる．

7		リモコントランス	リモコン配線の単相小形変圧器として用いる．一次電圧は100V，二次電圧は24Vである．
8	明/暗/切　「400Wまで」	調光器	白熱電灯の明るさの調節に用いる．（図11.3） **Point** スライドレバーの「明」「暗」「切」と，「400Wまで」が判断項目である．
9		引掛シーリングローゼット **Point** ひねる金具あり	照明器具の吊り下げに用いる．（図11.2）
10	裏 1, 0, 3／表 On-Offの表示がない	3路スイッチ(露出形)	電灯を2箇所から点滅する場合に用いる．3路スイッチは，切り替えるスイッチ部分に，on-offの表示がない，また，裏のスイッチの切替表示が「0」「1」「3」となっている．（図11.4）
11		フロアコンセント	事務所などの床に施設するコンセントとして用いる．（図11.5）

第11章 配線器具

11.3 配線器具 3　　重要知識

図11.6　線付防水ソケット

- 線付防水ソケット
- 電球

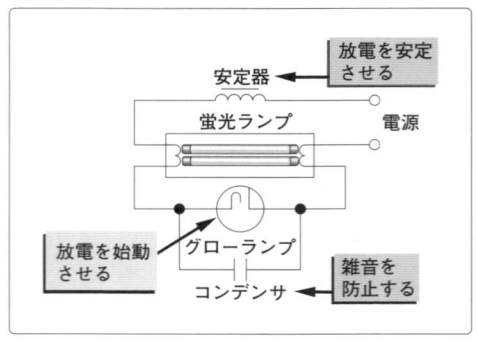

図11.7　蛍光灯回路

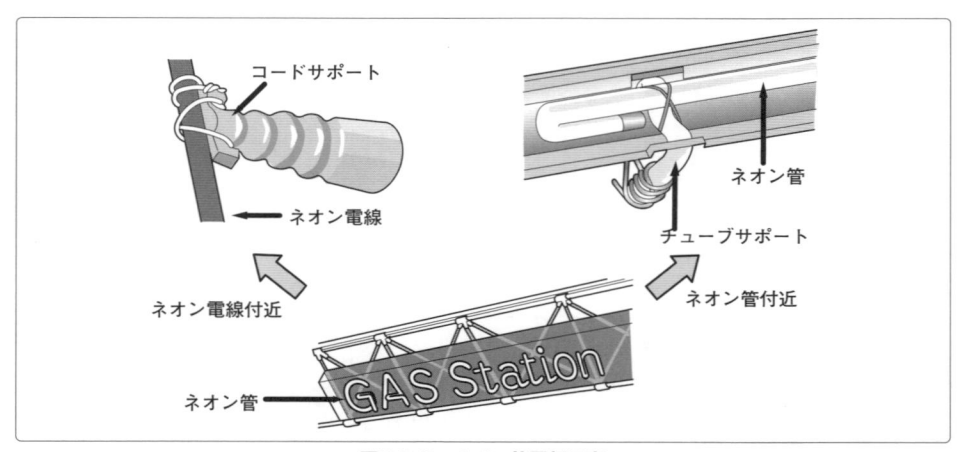

- 安定器 ← 放電を安定させる
- 蛍光ランプ
- 電源
- 放電を始動させる → グローランプ
- コンデンサ ← 雑音を防止する

図11.8　ネオン放電灯工事

- コードサポート
- ネオン電線
- ネオン電線付近
- ネオン管
- チューブサポート
- ネオン管付近
- ネオン管

配線器具

	写真	名称	用途
12		防水形コンセント **Point** コンセントにカバーあり	雨水のかかる場所の接続機器として用いる．

13		線付防水ソケット	屋内外での臨時配線用の電球受け口として用いる．(図11.6)
14	FL20S×1	蛍光灯用安定器	蛍光灯の放電を安定させるために用いる．(11.7) **Point**「FL20S×1」の表示から判断する．
15		水銀灯用安定器	水銀灯を点灯させるのに用いる． **Point** 蛍光灯用安定器との区別は，リード線の本数で判断する．
16		ネオン変圧器	ネオン放電灯を点灯させるための高電圧を得るために用いる． **Point** リード線付け根のがいしに注意する．
17		チューブサポート	ネオン放電管の支持に用いる．(図11.8)
18		コードサポート	ネオン電線の支持に用いる．(図11.8)

11.4 配線器具　4　　重要知識

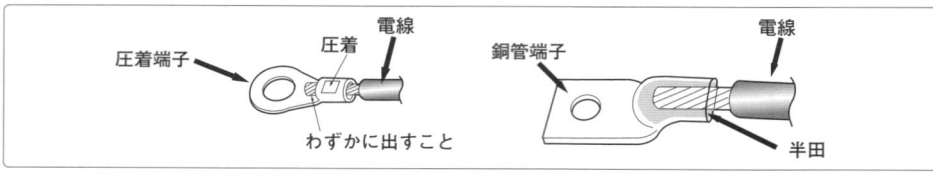

図11.9　圧着端子と銅管端子

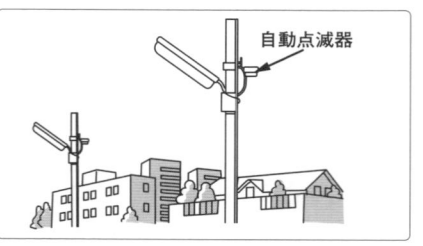

図11.10　自動点滅器

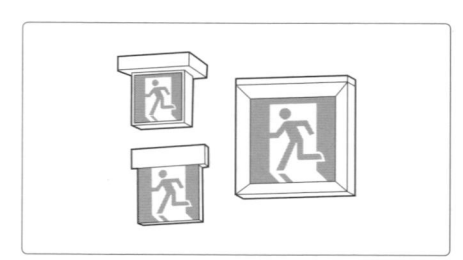

図11.11　いろいろなタイプの誘導灯

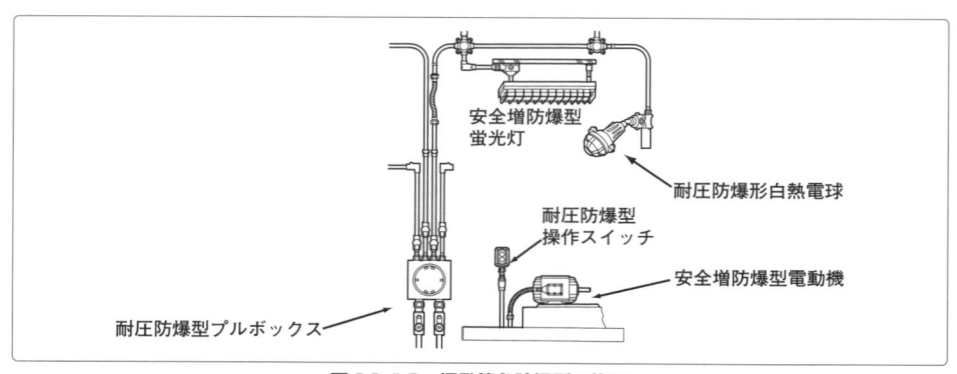

図11.12　爆発等危険場所の施設

配線器具

	写真	名称	用途
19	（μF）	低圧進相コンデンサ	電動機などの誘導性負荷に並列に接続し，力率の改善に用いる．電力用コンデンサともいう．**Point** 銘板に「μF（マイクロファラド）」の表示あり．

20		圧着端子	圧着工具を用いて電線と接続し，制御盤や端子台との接続に用いる． (図11.9)
21		銅管端子	太い電線を挿入し，半田付けをした後，機械器具端子に接続するときに用いる． (図11.9)
22		自動点滅器	外灯などを自動的に点滅させるのに用いる． (図11.10) **Point** 光の受光部とリード線あり．
23		誘導灯	消防法による避難口誘導灯として用いる． (図11.11)
24		耐圧防爆形白熱電灯	爆発性粉じんなどの存在する場所の照明に用いる． (図11.12)
25		耐圧防爆形蛍光灯	可燃性ガスなどの存在する場所の照明に用いる． (図11.12)

11.5 配線器具 5　　重要知識

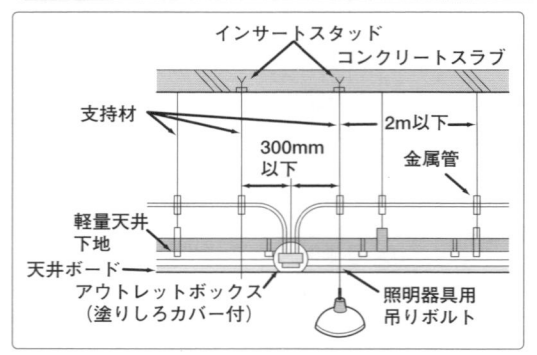

図 11.13　インサートスタッドの施設

図 11.14　各種ヒューズ

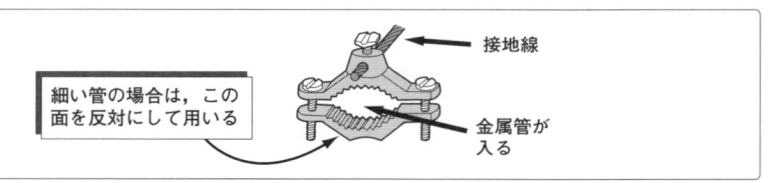

図 11.15　接地クランプ

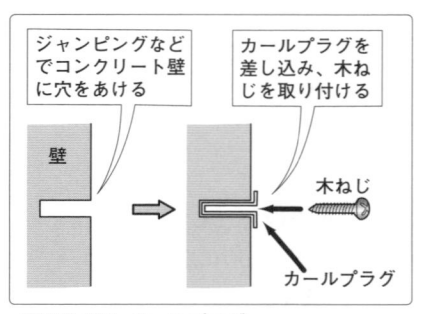

図 11.16　カールプラグ

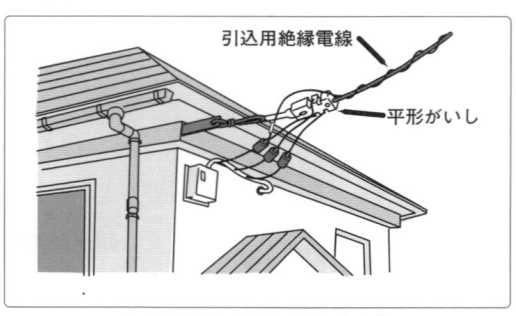

図 11.17　平形がいしの施設

配線器具

	写　真	名　称	用　途
26		マルチタップ	1個のコンセントまたはコードから二つ以上に分岐して負荷を接続するのに用いる．

11.5 配線器具 5

No.	名称	説明
27	カールプラグ（合成樹脂製／銅製、25mm）	電気器具をコンクリート面に木ねじで取り付けるのに用いる．（図11.16）
28	温度ヒューズ（公称動作温度）	電熱器具などの過熱防止に用いる．**Point** 周囲温度の上昇により溶断し，「公称動作温度〔℃〕」の表示あり．
29	エンクロヒューズ	電気機器や回路を過電流から保護するのに用いる．（図11.14）
30	インサートスタッド **Point** 羽根をひろげた形	コンクリートスラブから鋼丸棒などを吊り下げるときに埋め込んで用いる．（図11.13）
31	接地クランプ	金属管に接地線を接続するときに用いる．（図11.15）
32	平形がいし	引込用絶縁電線（DV）を引き留めるのに用いる．（図11.17）

12 工具

12.1 いろいろな工具 1 　　重要知識

図 12.1 コードレスドリルによる穴あけ

図 12.2 高速切断機による切断

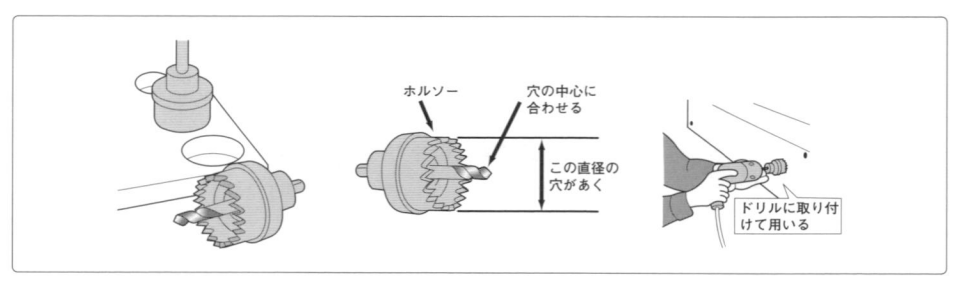

図 12.3 ホルソーによる穴あけ

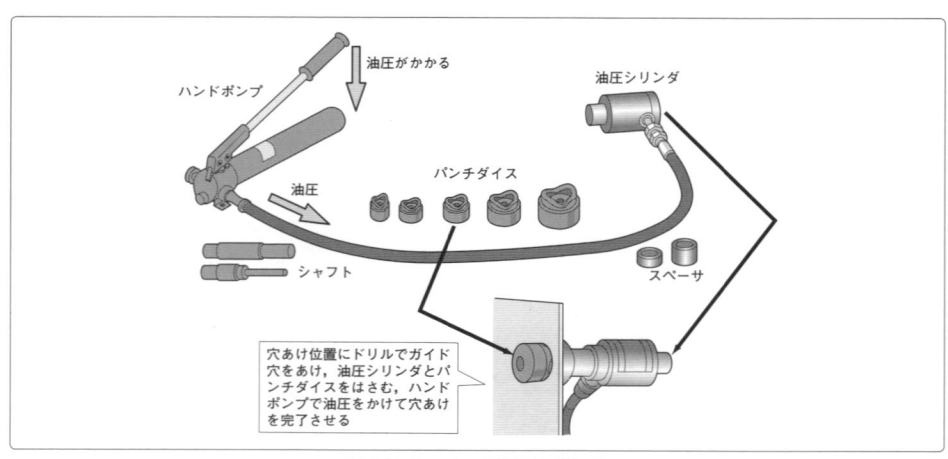

図 12.4 ノックアウトパンチ

工具

	写真	名称	用途
1		コードレスドリル	穴あけに用いる．(図12.1)
2		ホルソー **Point** 円形ののこぎり刃	鉄板，各種合金板などの穴あけに用いる．(図12.3)
3		高速切断機	鋼材を切断するのに用いる．(図12.2)
4		サンダー	鉄板などのバリ取り仕上げに用いる．
5		ノックアウトパンチ	油圧式で，プルボックスや鋼板，金属製のキャビネットに電線管用の穴をあけるのに用いる．(図12.4)
6		手動油圧式カッタ	電線やケーブルの切断に用いる．

12.2 いろいろな工具 2　　重要知識

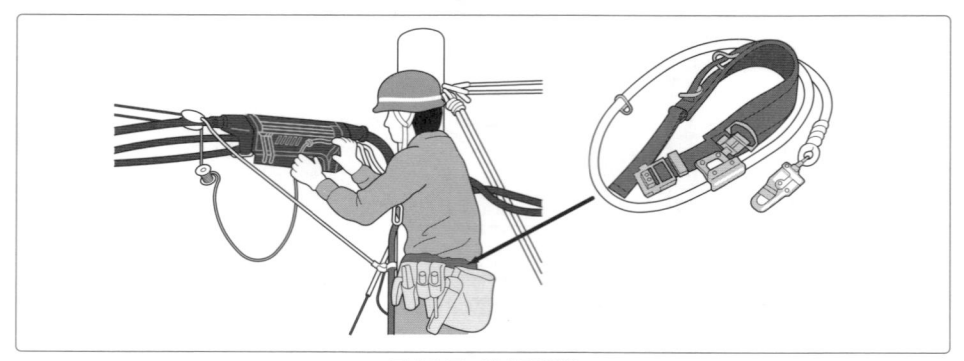

図 12.5　柱上安全帯

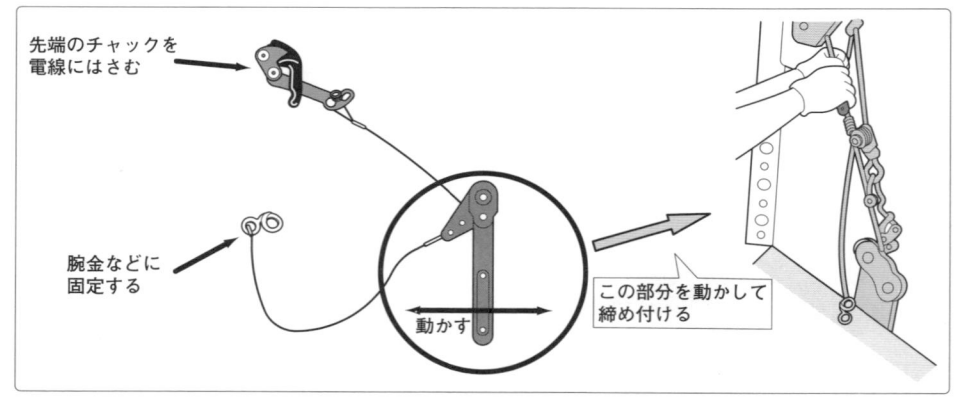

先端のチャックを電線にはさむ

腕金などに固定する

動かす

この部分を動かして締め付ける

図 12.6　張線器

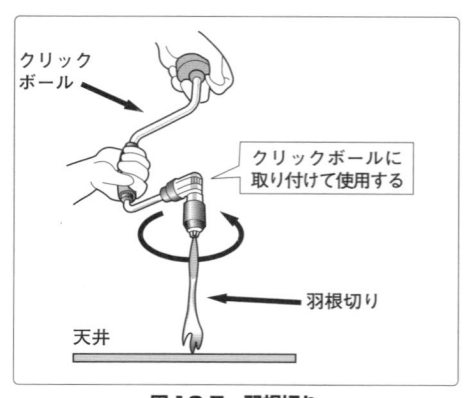

クリックボール

クリックボールに取り付けて使用する

羽根切り

天井

図 12.7　羽根切り

ハンマーで叩く

ハンマー

ジャンピング

回す

コンクリート

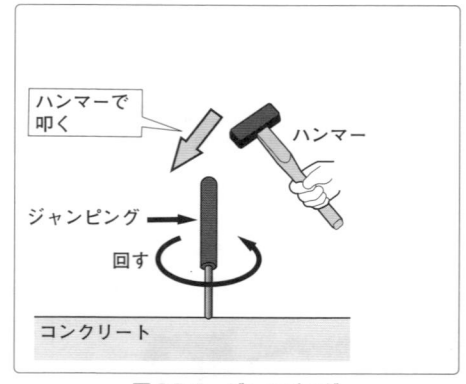

図 12.8　ジャンピング

工具

	写 真	名 称	用 途
7		電動ねじ切り器	電線管のねじを切るのに用いる．
8	約105〔mm〕	羽根切り	天井板や木材に穴をあけるのに用いる． (図12.7)
9		ジャンピング	コンクリートに穴をあけるのに用いる． (図12.8)
10		半田こて	電線の半田付けに用いる．
11		張線器(シメラー)	架空線工事で架空線のたるみを取るために用いる． (図12.6)
12		柱上安全帯	高所作業時に墜落防止のために用いる． (図12.5)

13 計測器

13.1 いろいろな計測器 1 　　　　　　　　　　　重要知識

絶縁抵抗計を用いて測定する。

電球や器具類は接続したままで、点滅器は閉じる

電路と大地間

電球や器具類は取り外し、点滅器は閉じる

電線相互間

図 13.1　絶縁抵抗の測定

測定する接地極を E 端子，電圧用（第1）補助接地極を P 端子，電流用（第2）補助接地極を C 端子にそれぞれ接続し，各接地極は一直線上に 10m 程度離す

接地抵抗計を用いて測定する

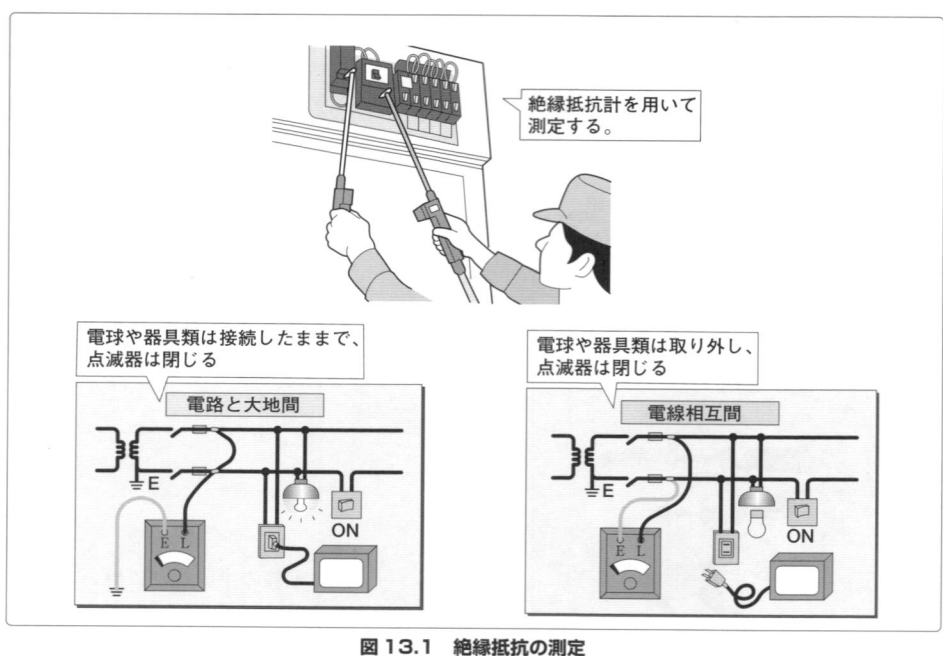

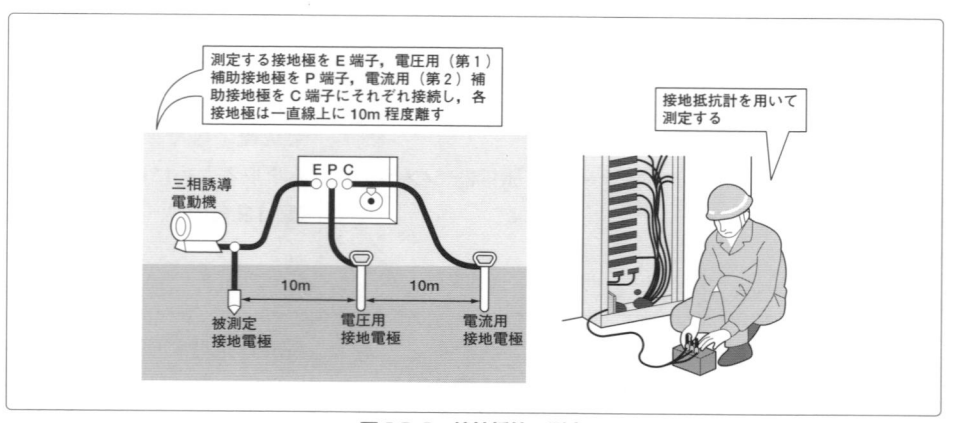

三相誘導電動機

被測定接地電極　　電圧用接地電極　　電流用接地電極

図 13.2　接地抵抗の測定

計測器

	写真	名称	用途
1		絶縁抵抗計(メガー) **Point** メータ内の $M\Omega$ の単位	絶縁抵抗の測定に用いる．電路と大地間，電線相互間での測定方法の違いに注意する． (図13.1)
2		接地抵抗計(アーステスタ) **Point** 2本の補助接地極	接地抵抗の測定に用いる．接地抵抗計の測定方法については整理しておこう． (図13.2)
3		回路計(テスタ)	電圧，電流，抵抗などを測定するのに用いる． **Point** ロータリ式ダイヤルと2本の探針
4	(付属品) (本体)	漏電火災報知器	漏れ電流を検出し，警報を発するのに用いる．
5		積算電力量計	電力量を測定するのに用いる．
6		漏電遮断器テスタ	漏電遮断器本体の動作テストに用いる．

13.2 いろいろな計測器 2　　重要知識

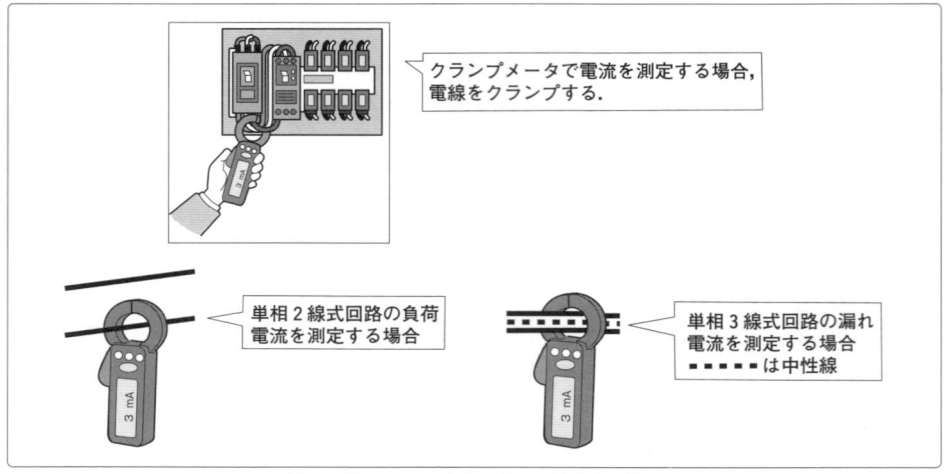

図13.3　クランプメータによる電流の測定

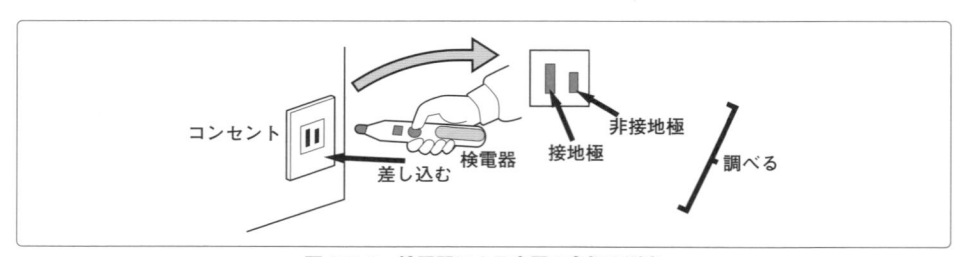

図13.4　検電器による充電の有無の測定

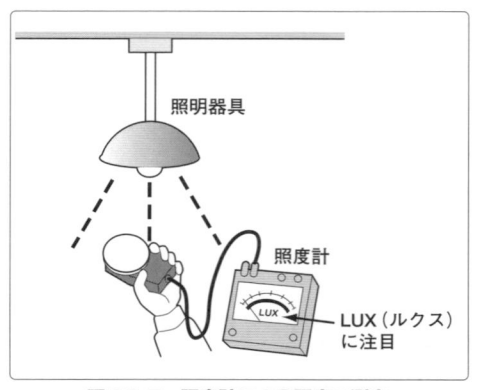

図13.5　照度計による照度の測定

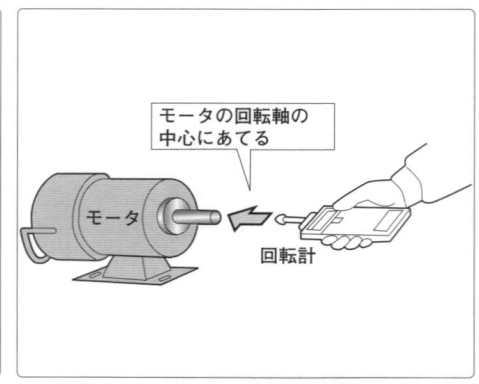

図13.6　回転計による回転速度の測定

13.2 いろいろな計測器 2

計測器

	写真	名称	用途
7		相回転計	三相回路の相順を調べるのに用いる. **Point** 3本の線にRSTの文字と正逆の表示
8		周波数計	周波数を測定するのに用いる. **Point** メータ内のHz(ヘルツ)の単位に注意
9		検電器	電気回路の充電の有無を調べるのに用いる. (図13.4)
10		クランプメータ **Point** ハサミのように先が開閉する	電圧, 電流, 抵抗を測定するのに用いる. 電流を測定する場合の方法について, 整理しておく. (図13.3)
11		照度計	照度の測定に用いる. (図13.5) **Point** メータ内のLUX(ルクス)の単位に注意
12		回転計 **Point** 先の突起をモータの回転軸に押しあてる	電動機の回転速度の測定に用いる. (図13.6)

おぼえておこう！ 平方根と三角関数の値

電気工事士の試験では，計算機は使用できません。平方根や三角関数などの数値は覚えておきましょう。

1 1から10までの平方根の値

平方根の値	覚え方（語呂合わせ）	覚えたい値
$\sqrt{1}=1$		
$\sqrt{2}=1.41421356\cdots$	一夜一夜に人見頃（ひとよひとよにひとみごろ）	1.41
$\sqrt{3}=1.7320508\cdots$	人並におごれや（ひとなみにおごれや）	1.73
$\sqrt{4}=2$		
$\sqrt{5}=2.2360679\cdots$	富士山麓オーム鳴く（ふじさんろくオームなく）	2.24
$\sqrt{6}=2.44949\cdots$	似よ良く良く（によよくよく）	2.45
$\sqrt{7}=2.64575\cdots$	菜に虫いない（なにむしいない）	2.65
$\sqrt{8}=2.8284271\cdots$	ふわふわ世にない（ふわふわよにない）	2.83
$\sqrt{9}=3$		
$\sqrt{10}=3.16228\cdots$	三色に庭（みいろにには）	3.16

2 代表的な三角関数の値

θ	ラジアン	0	$\dfrac{\theta}{6}$	$\dfrac{\theta}{4}$	$\dfrac{\theta}{3}$	$\dfrac{\theta}{2}$	$\dfrac{2\theta}{3}$	$\dfrac{3\theta}{4}$	$\dfrac{5\theta}{6}$	π
	度	0	30	45	60	90	120	135	150	180
$\sin\theta$		0	$\dfrac{1}{2}$	$\dfrac{1}{\sqrt{2}}$	$\dfrac{\sqrt{3}}{2}$	1	$\dfrac{\sqrt{3}}{2}$	$\dfrac{1}{\sqrt{2}}$	$\dfrac{1}{2}$	0
$\cos\theta$		1	$\dfrac{\sqrt{3}}{2}$	$\dfrac{1}{\sqrt{2}}$	$\dfrac{1}{2}$	0	$-\dfrac{1}{2}$	$-\dfrac{1}{\sqrt{2}}$	$-\dfrac{\sqrt{3}}{2}$	-1
$\tan\theta$		0	$\dfrac{1}{\sqrt{3}}$	1	$\sqrt{3}$	/	$-\sqrt{3}$	-1	$-\dfrac{1}{\sqrt{3}}$	0

3 基本的な単位の換算

$1\,\text{mm}=10^{-3}\,\text{m}$	$1\,\text{M}\Omega=10^{6}\,\Omega$
$1\,\text{cm}=10^{-2}\,\text{m}$	$1\,\text{k}\Omega=10^{3}\,\Omega$
$1\,\text{mm}^2=10^{-6}\,\text{m}^2$	$1\,\text{m}\Omega=10^{-3}\,\Omega$
$1\,\text{cm}^2=10^{-4}\,\text{m}^2$	$1\,\mu\Omega=10^{-6}\,\Omega$

第3部
配線問題

14 配線用図記号

14.1 一般配線　　　　　　　　　　　　　　　　　　　　　　重要知識

1 配線と電線の図記号

表 14.1

図記号	名称
———	天井隠ぺい配線
－ － － － －	床隠ぺい配線
・・・・・・・・・・・・	露出配線
— － — －	地中配線

表 14.2

図記号	電線の種類
IV	600Vビニル絶縁電線
OW	屋外用ビニル絶縁電線
VVF	600Vビニル絶縁ビニルシースケーブル平形
VVR	600Vビニル絶縁ビニルシースケーブル丸形

2 電線の太さと電線数の表し方

① 絶縁電線の場合の例（単位は省略してもよい．2.0は直径，2は断面積を示す）

　　―///― 1.6mmの電線が3本
　　　1.6

　　―///― 8mm²の電線が3本
　　　8

② ケーブルの場合の例

　　―――― 1.6mmの3心
　　1.6-3C

③ 配管の場合の例

　　　―//―
　　　1.6(E19)　　19mmのねじなし金属管に1.6mmの電線2本が使われている．

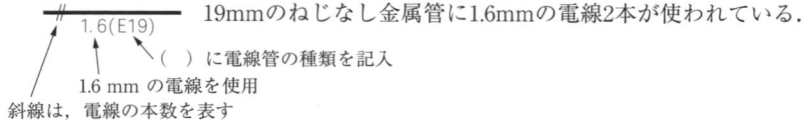

　　　　（　）に電線管の種類を記入
　　1.6 mm の電線を使用
斜線は，電線の本数を表す

表 14.3

()内の記号例	電線管の種類
E19	外径19mmの鋼製電線管（ねじなし電線管）
PF16	内径16mmの合成樹脂可とう電線管（PF管）
F217	内径17mmの2種金属製可とう電線管
VE16	内径16mmの硬質塩化ビニル電線管（合成樹脂管）

④ 接地線の場合の例

　　――/――
　　　E2.0

⑤ 接地線がある配管の場合の例

　　―///―/―
　　2.0 E2.0(PF22)　　22mmのPF管に2.0mmの電線3本と2.0mmの接地線1本が使われている．

14.1 一般配線

問題

問1	次の図記号の配線方法は． ———————	イ．地中配線 ロ．床隠ぺい配線 ハ．露出配線 ニ．天井隠ぺい配線
問2	次の図記号の配線方法は． ——－－——	イ．天井隠ぺい配線 ロ．床隠ぺい配線 ハ．露出配線 ニ．地中配線
問3	次の図記号の配管方法は． ——#—— 1.6(PF16)	イ．2種金属製可とう電線管工事 ロ．金属管工事 ハ．合成樹脂製可とう電線管工事 ニ．合成樹脂管工事
問4	次の図記号の配管方法は． ——#—— 1.6(VE16)	イ．合成樹脂製可とう電線管工事 ロ．2種金属製可とう電線管工事 ハ．合成樹脂管工事 ニ．金属管工事
問5	次の図記号で，ケーブル工事は．	イ． -----#----- 8(VE16)　　　ロ． -----#----- 8(19) ハ． ------------ 8-3C　　　ニ． -----#----- 8(PF16)
問6	金属管工事による露出配線は．	イ． -----#----- 1.6(F217)　　　ロ． -----#----- 1.6(VE16) ハ． -----#----- 1.6(PF16)　　　ニ． -----#----- 1.6(E19)

解答

問1 －ニ　　**問2** －ニ　　**問3** －ハ　　**問4** －ハ　　**問5** －ハ　　**問6** －ニ

14.2 配線に関する記号と機器 　　重要知識

1 配線に関する記号

表14.4

名称	図記号	摘要
立上り	⌒	配線が1階から2階などに立ち上がる場合に用いる．
引下げ	⌒	配線が2階から1階などに引き下がる場合に用いる．
素通し	⌒	配線を素通しする場合に用いる．
VVF用ジョイントボックス	⊘	VVFケーブルの接続場所に用いる．端子なしのジョイントボックス．「t」が付くと端子付きになる．
受電点	⋎	電気を受電する引込口などに用いる．

2 機器

表14.5

名称	図記号	摘要
電動機	Ⓜ	必要に応じて，電気方式，電圧，容量などを示す場合は，次のようにする．例： Ⓜ $\begin{smallmatrix}3\phi200V\\3.7kW\end{smallmatrix}$
電熱器	Ⓗ	電動機の摘要を準用する．
コンデンサ	⊥	電動機の摘要を準用する
換気扇	∞	必要に応じ，種類（扇風機を含む）及び大きさを傍記する．天井付は次のようにする． 例： ∞
ルームエアコン	RC	屋外ユニットはO，屋内ユニットはIを傍記する． 例： RC_O ， RC_I 必要に応じ，電気方式，電圧，容量などを傍記する．
小型変圧器	Ⓣ	必要に応じ，電圧，容量などを傍記する．ベル変圧器はB，リモコン変圧器はR，ネオン変圧器はN，蛍光灯安定器はF，HID灯（高効率放電灯）用安定器はHを傍記する． 例： $Ⓣ_B$ ， $Ⓣ_R$ ， $Ⓣ_N$ ， $Ⓣ_F$ ， $Ⓣ_H$

Point

① ルームエアコンの屋内（in）はI，屋外（out）はOと覚える．
② 小型変圧器は，ベル変圧器だけを覚えればよい．

問題

問1 2階への立上りの図記号は．
- イ．
- ロ．
- ハ．
- ニ．

問2 次の図記号は．
- イ．VVF用ジョイントボックス
- ロ．電流制限器
- ハ．プルボックス
- ニ．白熱灯

問3 コンデンサの図記号は．
- イ．
- ロ．
- ハ．
- ニ．CT

問4 次の図記号は．
- イ．リモコンスイッチ
- ロ．セレクタスイッチ
- ハ．換気扇
- ニ．コンセント

問5 次のルームエアコンの図記号で，正しいものは．
- イ．屋外 HRC_E — 屋内 HRC_H
- ロ．屋外 RC_H — 屋内 RC_O
- ハ．屋外 RC_I — 屋内 RC_O
- ニ．屋外 RC_O — 屋内 RC_I

問6 ベル変圧器の図記号は．
- イ．T_R
- ロ．T_F
- ハ．T_B
- ニ．T_N

解答

問1 −イ　　問2 −イ　　問3 −ロ　　問4 −ハ　　問5 −ニ　　問6 −ハ

14.3 照明器具

重要知識

1 白熱灯, HID灯

表14.6

名称	図記号	摘要
白熱灯 HID灯	○	① 器具の種類を表す場合は，次のようにする． 　　ペンダント：⊖　　　　　　　シーリング(天井直付)：㏇ 　　シャンデリヤ：㏈　　　　　　埋込器具：㏅ 　　引掛シーリング（角）：[〇]　　引掛シーリング（丸）：(○) ② 器具の壁付及び床付の表示 　　壁付は，壁側を塗るか，またはWを傍記する． 　　例：●　○W 　　床付は，Fを傍記する．　例：○F ③ 容量を表す場合は，ワット(W)×ランプ数で傍記する． 　　例：○100　○200×3 ④ 屋外灯は ⊗ を用いる． ⑤ HID灯の種類を示す場合は，容量の前に次の記号を傍記する． 　　水銀灯：H　　メタルハライド灯：M　　ナトリウム灯：N 　　例：○H100

2 蛍光灯

表14.7

名称	図記号	摘要
蛍光灯	▭○▭	① 図記号 ▭○▭ は， ▭▭▭ としてもよい． 　　ただし， ▭○▭ はボックス付を示す． ▭▭▭ はボックスなしを示す． ② 壁付は，壁側を塗るか，またはWを傍記する． 　　例：▭●▭, ▭○▭W ③ 床付は，Fを傍記してもよい．例：▭○▭F ④ 容量を表す場合は，ワット(W)×ランプ数で傍記する． 　　例：▭○▭ F40, ▭○▭ F40×2 ⑤ 器具内配線のつながり方を示す場合は，次のようになる． 　　例：▭○▭ F40-2 , ▭○▭ F40-3

Point

① 埋込器具は，ダウンライト（Down Light）でDL，シャンデリヤはCH（CHandelier），シーリングライトはCL（Ceiling Light）など，英語を連想しよう．
② HID灯は，水銀灯のHを覚えておく．

14.3 照明器具

問題

問1 次の図記号は．
- イ．壁付灯
- ロ．シーリングライト
- ハ．天井埋込器具
- ニ．不滅灯

問2 次の図記号は．(DL)
- イ．ペンダント
- ロ．シャンデリヤ
- ハ．埋込器具
- ニ．引掛シーリング

問3 シャンデリヤの図記号は．
- イ．(CH)
- ロ．(DL)
- ハ．⊗
- ニ．○

問4 次の図記号は．⊗
- イ．埋込器具
- ロ．ペンダント
- ハ．屋外灯
- ニ．セレクタスイッチ

問5 矢印の図記号は．
- イ．蛍光灯
- ロ．誘導灯
- ハ．非常灯
- ニ．点検口

問6 次の図記号の外灯は，100Wの水銀灯である．その図記号の傍記表示として正しいものは．A(3A)
- イ．F100
- ロ．N100
- ハ．H100
- ニ．M100

解答

問1 ーイ　**問2** ーハ　**問3** ーイ　**問4** ーハ　**問5** ーイ　**問6** ーハ

14.4 コンセント 【重要知識】

表 14.8

名称	図記号	摘要
コンセント	⊖	① 壁に取り付ける場合，壁側を塗る．例：⊖ ② 天井に取り付ける場合：⊕ ③ 床に取り付ける場合：⊗ ④ 二重床用：⊕ ⑤ **コンセントの定格は，15A，125Vの場合は傍記しない．** ⑥ 20A以上の場合は，定格電流を傍記する．例：⊖20A ⑦ 250V以上の場合は，定格電流を傍記する．例：⊖20A250V ⑧ 2口以上の場合は，口数を傍記する．例：⊖2 ⑨ 3極以上の場合は，極数を傍記する．例：⊖3P ⑩ 種類を表す場合は，次のような記号を傍記する． 　　　接地極付「E」　　例：⊖E 　　　接地端子付「ET」　　例：⊖ET 　　　接地極付接地端子付「EET」　例：⊖EET 　　　漏電遮断器付「EL」　例：⊖EL 　　　防雨形「WP」　例：⊖WP 　　　防爆形「EX」　例：⊖EX 　　　医用「H」　例：⊖H 　　　引掛形「T」　例：⊖T 　　　抜け止め形「LK」　例：⊖LK
非常用コンセント	⊕	消防法によるもの

Point

コンセントの種類で，接地極付のEはEarth，接地端子付のETはEarth Terminal，漏電遮断器付のELはEarth Leakage，防雨形のWPはWater Proof，防爆形のEXはExplosion，医用のHはHospitalなど，英語を連想しよう．

14.4 コンセント

問題

問1	次の図記号は． ⊖3	イ．防水形3口コンセント ロ．3極コンセント ハ．壁付3口コンセント ニ．壁付3極コンセント
問2	次の図記号（コンセント）の取り付け場所は．	イ．天井に取り付ける ロ．壁に取り付ける ハ．床に取り付ける ニ．台の上に取り付ける
問3	次の図記号は． ⊖WP	イ．防爆形コンセント ロ．防雨形コンセント ハ．非常用コンセント ニ．接地極付コンセント
問4	次の図記号は． ⊖E	イ．接地端子付コンセント ロ．防爆形コンセント ハ．接地極付コンセント ニ．漏電遮断器付コンセント
問5	次の図記号は． ⊖ET	イ．漏電遮断器付コンセント ロ．防爆形コンセント ハ．医用コンセント ニ．接地端子付コンセント
問6	次の図記号で，漏電遮断器付コンセントは．	イ．⊖T　　ロ．⊖EL ハ．⊖EX　　ニ．⊖H

解答

問1 -ハ　問2 -ハ　問3 -ロ　問4 -ハ　問5 -ニ　問6 -ロ

14.5 点滅器　**重要知識**

表14.9

名称	図記号	摘要
点滅器	●	① 定格を示す場合，15Aは傍記しない． ② 定格15A以外は定格電流を傍記する．例：●20A ③ 単極は傍記しない． ④ 2極の場合：●2P ⑤ 3路の場合：●3 ⑥ プルスイッチは，「P」を傍記する．例：●P ⑦ 位置表示灯を内蔵するものは，「H」を傍記する．例：●H ⑧ 確認表示灯を内蔵するものは，「L」を傍記する．例：●L ⑨ 別置された確認表示等は ○ とする．例：○● ⑩ 防雨形は，「WP」を傍記する．例：●WP ⑪ 防爆形は，「EX」を傍記する．例：●EX ⑫ タイマ付は，「T」を傍記する．例：●T ⑬ 屋外灯などに使用する自動点滅器は，「A」及び容量を傍記する．例：●A(3A)
調光器	⬈	定格を示す場合：⬈800W
リモコンスイッチ	●R	リモコンスイッチであることが明らかな場合は，「R」を省略してもよい．
リモコンセレクタスイッチ	⊗	点滅回路数を傍記する． 例：⊗9
リモコンリレー	▲	リモコンリレーを集合して取り付ける場合，▲▲▲ を用い，リレー数を傍記する．例：▲▲▲ 10

Point

① スイッチの種類で，プルスイッチのPはPull switch，タイマ付のTはTimer，自動点滅器のAはAutomatic，リモコンスイッチのRはRemote controlなど，英語を連想しよう．
② 調光器は，立上りの記号と間違えないようにする．

問題

問1	次の図記号の傍記「3」の意味は. ●₃	イ. 定格電流3A ロ. 3路用 ハ. 3極用 ニ. 3口用
問2	次の図記号は. ●ₚ	イ. リモコンスイッチ ロ. ペンダントスイッチ ハ. 確認表示灯 ニ. プルスイッチ
問3	次の図記号で,確認表示灯内蔵の点滅器は.	イ. ●ʟ ロ. ●ʜ ハ. ○● ニ. ●ʀ
問4	次の図記号は.	イ. 非常用照明灯 ロ. リモコンスイッチ ハ. 調光器 ニ. 立上り
問5	次の図記号は. ▲	イ. 自動点滅器 ロ. リモコンスイッチ ハ. リモコンリレー ニ. プルスイッチ
問6	矢印の部分の図記号は.	イ. 外灯用プルスイッチ ロ. 自動点滅器 ハ. セレクタスイッチ ニ. リモコンスイッチ

解答

問1 -ロ　問2 -ニ　問3 -イ　問4 -ハ　問5 -ハ　問6 -ロ

14.6 開閉器・計器　　　重要知識

表14.10

名称	図記号	摘要
開閉器	Ⓢ	① 配線には開閉器を設置する. ② 極数，定格電流，ヒューズ定格電流などを傍記する. 　例：Ⓢ 2P30A / f 30A ③ 電流計付は，Ⓢ を用いる.
配線用遮断器	B	① 過電流を遮断するために設置する. ② 極数，定格電流，ヒューズ定格電流などを傍記する. 　例：B 3P / 225AF / 150A ③ モータブレーカを示す場合は，次のようにする. 　例：B_M または B̸ ④ 図記号 B は，Ⓢ_MCCB としてもよい.
漏電遮断器	E	① 漏電を遮断するために設置する. ② 過負荷保護付と過負荷保護なしがある. 　過負荷保護付の例：E 2P / 30AF / 15A / 30mA または BE を用いる. 　（極数，フレームの大きさ，定格電流，定格感度電流などを傍記する.） 　過負荷保護なしの例：E 2P / 15A / 30mA 　（極数，定格電流，定格感度電流などを傍記する）
フロートスイッチ	●_F	類似したスイッチ 電磁開閉器用押しボタン：●_B 圧力スイッチ：●_P　　フロートレススイッチ：●_LF
タイムスイッチ	TS	TSは，Time Swichの略
電力量計	Ⓦh	電力量を測定するために用いる.
電力量計 （箱入りまたはフード付）	Wh	
電流制限器	Ⓛ	電力会社との契約アンペアの設定などに用いる.

14.6 開閉器・計器

問題

問1 次の図記号は．

[B]

イ．モータブレーカ
ロ．漏電遮断器
ハ．配線用遮断器
ニ．カットアウトスイッチ

問2 過負荷保護付漏電遮断器は．

イ．[B]　　ロ．[E] 2P 30AF 15A 30mA

ハ．[E] 2P 15A 30mA　　ニ．[S]

問3 次の図記号は．

Ⓢ

イ．電磁開閉器
ロ．電流計付電磁開閉器
ハ．金属箱開閉器
ニ．電流計付開閉器

問4 箱入り電力量計の図記号は．

イ．[CT]　　ロ．[Wh]

ハ．Ⓛ　　ニ．Ⓦh

問5 次の図記号は．

●F

イ．電磁開閉器用押しボタン
ロ．フロートスイッチ
ハ．圧力スイッチ
ニ．リモコンスイッチ

問6 次の図記号は．

[BE]

イ．配線用遮断器
ロ．モータブレーカ
ハ．過負荷保護付漏電遮断器
ニ．電磁開閉器

解答

問1 -ハ　問2 -ロ　問3 -ニ　問4 -ロ　問5 -ロ　問6 -ハ

14.7 配電盤・分電盤等，呼出 　　　　　重要知識

1 配電盤，分電盤および制御盤

表 14.11

名称	図記号	摘要
分電盤	◪	分岐過電流遮断器及び分岐開閉器を集合して取り付けたものをいう．
配電盤	⊠	鋼板，木板，大理石板などに，開閉器，過電流遮断器，計器などを装備した集合体をいう．
制御盤	◨	電動機，加熱装置，照明などの制御を目的として，開閉器，過電流遮断器，電磁開閉器，制御用の器具などを集合して取り付けたものをいう．
その他のもの	実験盤 ◨　　OA盤 ◪　　警報盤 ▦	

2 呼出

表 14.12

名称	図記号	摘要
押しボタン	⊡	壁付は，壁側を塗る． ⊡
ベル	🔔	
ブザー	⌂	
チャイム	♪	

問題

問1	分電盤の図記号は．	イ．◣　　ロ．▨　　ハ．⊠　　ニ．⧖
問2	配電盤の図記号は．	イ．◪　　ロ．⊠　　ハ．⧖　　ニ．◣
問3	次の図記号は．（⌂）	イ．チャイム　ロ．ブザー　ハ．壁付押しボタン　ニ．表示スイッチ
問4	次の図記号は．（◻○）	イ．ベル　ロ．ブザー　ハ．チャイム　ニ．押しボタン
問5	チャイムの図記号は．	イ．A　ロ．T　ハ．A○　ニ．J
問6	チャイム用の壁付押しボタンの図記号は．	イ．CH　ロ．●C　ハ．C　ニ．●

解答

問1 －イ　　**問2** －ロ　　**問3** －ロ　　**問4** －イ　　**問5** －ニ　　**問6** －ニ

15 木造住宅の施工方法

15.1 引込口から屋側電線路まで　　　重要知識

出題項目 Check!
□ 引込線取付点の高さ
□ 木造住宅の屋側電線路

1 低圧引込線 （電技解釈第97条）

① 低圧架空引込線は，絶縁電線またはケーブルを用いる．
② 絶縁電線は，直径2.6 mm以上の硬銅線とする．ただし，径間が15 m以下の場合は，直径2.0 mmの硬銅線を使用することができる（図15.1参照）．
③ 引込線の取付点高さは，次のように規定されている．
・道路を横断する場合は，路面上5 m以上，ただし，技術上やむを得ない場合で交通に支障がないときは，3 m以上．
・鉄道または軌道を横断する場合は，レール面上5.5 m以上．
・横断歩道橋の上に施設する場合は，路面上3 m以上．
・上記以外の場合は，地表上4 m以上，ただし，**技術上やむを得ない場合で交通に支障がないときは，2.5 m以上**．

> 工事士の配線問題では，図15.1の@の箇所のような引込線取付点の高さを問う問題が多く出題される．したがって，この部分の高さは2.5 m以上と覚えておこう．

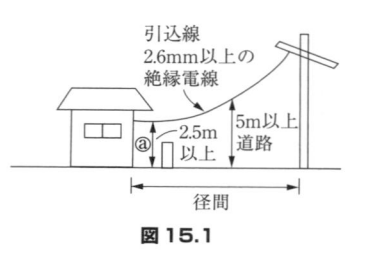

図 15.1

2 木造住宅の屋側電線路

木造住宅の屋側電線路は，がいし引き工事，合成樹脂管工事，ケーブル工事（鉛被・アルミ被・MIケーブルを除く）でなければならない（**電技解釈第91条**）．

> 電気工事士の配線問題では，木造住宅の場合が出題される．したがって，屋側電線路の工事は，金属類を用いない工事を選択する．

Point
① 木造住宅の引込線の取付点の高さは，2.5 m以上である．
② 木造住宅の屋側電線路では，金属類による工事はできない．

15.1 引込口から屋側電線路まで

例題 1

木造住宅において，図15.2の①の部分の引込線取付点の地上高さの最低値〔m〕は．ただし，技術上やむを得ない場合で交通に支障がない場合とする．

イ．2.0　　ロ．2.5　　ハ．3.5　　ニ．4.0

解説

技術上やむを得ない場合で交通に支障がない場合は，2.5m以上である．したがって，正解はロである．

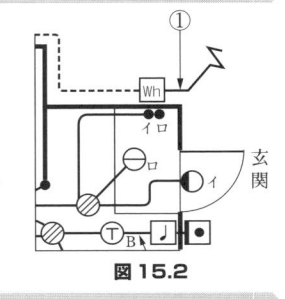

図15.2

例題 2

木造住宅において，図15.3の①の部分で施工できない工事方法は．

イ．金属管工事　　　　　　ロ．合成樹脂管工事
ハ．ビニル外装ケーブル工事　ニ．がいし引き工事

解説

木造住宅の屋側電線路では，金属類による工事はできない．したがって，正解はイである．

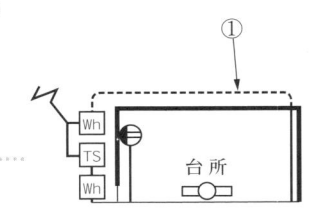

図15.3

問題

問	問題	選択肢
問1	①の部分でできる工事の種類は．	イ．金属製可とう電線管工事 ロ．金属線ぴ工事 ハ．金属管工事 ニ．合成樹脂管工事
問2	①の部分の引込線取付点高さの最低値〔m〕は．ただし，技術上やむを得ない場合で交通に支障がない場合とする．	イ．2.5 ロ．3.0 ハ．3.5 ニ．4.0
問3	①の部分は車道を横断する引込線である．路面上の最低高さ〔m〕は．	イ．5.0 ロ．5.5 ハ．6.0 ニ．7.0

解答

問1 — ニ　　問2 — イ　　問3 — イ

15.2 開閉器の省略　　重要知識

出題項目 Check!
- □ 低圧屋内電路の開閉器の省略
- □ 低圧屋外配線の開閉器の省略

1 低圧屋内電路の開閉器の省略

低圧屋内電路には，開閉器を施設しなければならない．ただし，20Aの配線用遮断器で保護されている他の屋内電路から供給を受ける場合，その長さ（こう長）が15m以下なら開閉器を省略できる（**電技第165条**）．

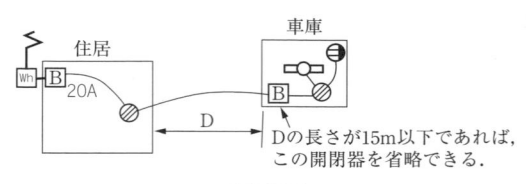

図15.4

Point

車庫や物置など増設された建物の場合，その距離（こう長）が15m以下ならば，開閉器を省略できる．ただし，20Aの配線用遮断器で保護されていることが必要である．

2 低圧屋外配線の開閉器の省略

低圧の屋外配線には開閉器を施設しなければならない．ただし，20Aの配線用遮断器で保護され，該当配線の長さが8m以下の場合，開閉器を省略できる（**電技解釈第211条**）．

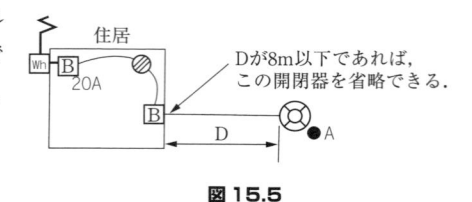

図15.5

Point

屋外灯などの屋外配線は，その長さが8m以下ならば，開閉器を省略できる．ただし，20Aの配線用遮断器で保護されていることが必要である．

3 地中配線

地中配線は，ケーブルを用いなければならない（**電技解釈第134条**）．

15.2 開閉器の省略

例題1

図15.6の①部分の電路で物置の引込口に開閉器が省略できないのは，こう長が何メートルを超える場合か．

解説

低圧屋内電路には，開閉器を施設しなければならない．しかし，こう長が15m以下ならば省略することができる（ただし，20Aの配線用遮断器で保護されていること）．したがって，開閉器が省略できないこう長は**15mを超える場合**である．

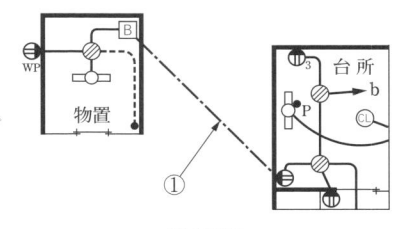

図15.6

例題2

図15.6で，①の部分に使用できる電線は．

イ．ビニルコード
ロ．ビニルキャブタイヤコード
ハ．屋外用ビニル絶縁電線
ニ．ビニル外装ケーブル

解説

①の記号は，地中配線である．したがって，ケーブルを使用しなければならない．正解は，ニである．

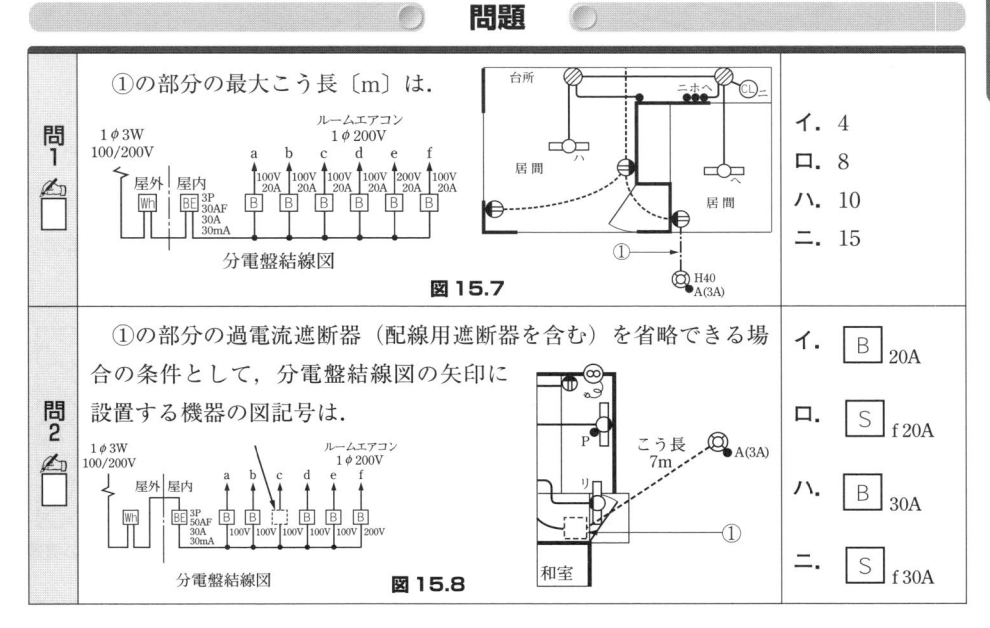

問題

問1　①の部分の最大こう長〔m〕は．

図15.7

イ．4
ロ．8
ハ．10
ニ．15

問2　①の部分の過電流遮断器（配線用遮断器を含む）を省略できる場合の条件として，分電盤結線図の矢印に設置する機器の図記号は．

図15.8

イ．B 20A
ロ．S f20A
ハ．B 30A
ニ．S f30A

解答

問1 ─ ロ　　**問2** ─ イ

15.3 メタルラス張り等の工事　　**重要知識**

出題項目 Check!
- □ メタルラス，ワイヤラスとは
- □ メタルラス，ワイヤラス壁の施設法

1　ワイヤラス，メタルラスとは

　モルタルを付着させるために用いる金属でできた網状のものをいう．針金を組んだものと金属板に傷を付けて引き延ばしたものとがあり，前者をワイヤラス，後者をメタルラスという．図15.9はメタルラスの例で，木造住宅ではこれを図15.10のように壁に取り付け，モルタルを付着させる．

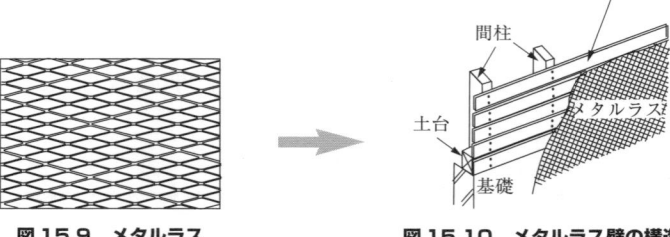

図15.9　メタルラス

図15.10　メタルラス壁の構造

2　メタルラス張り等の木造造営物における施設

　メタルラス等の壁を電線が貫通する場合，次のように規定されている（**電技解釈第188条**）．
① メタルラスでの金属管工事や可とう電線管工事などに使用する金属管や可とう電線管，器具の金属部分などとは，電気的に接続しないように施設する．
② 金属管工事，可とう電線管工事，ケーブル工事などの電線が，メタルラスを貫通する場合，その部分のメタルラスを十分に切り開き，かつ，絶縁性のある絶縁管（合成樹脂管など）に収めて施設する（図15.11）．

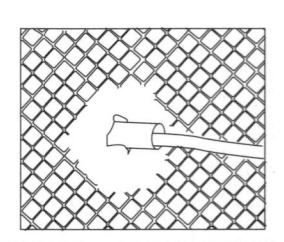

図15.11　メタルラス壁の貫通

Point

　メタルラス張り等を貫通する工事は，メタルラスを十分に切り開き，電線を耐久性のある絶縁管（合成樹脂管）に収めて，電線がメタルラスと電気的に接続しないように施設する．

15.3 メタルラス張り等の工事

例題

木造のワイヤラス張りの壁を貫通する部分の可とう電線管工事として，適切なものは．

イ．ワイヤラスと2種金属製可とう電線管を電気的に完全に接続し，C種接地工事を施した．
ロ．ワイヤラスと2種金属製可とう電線管を電気的に完全に接続し，D種接地工事を施した．
ハ．ワイヤラスを十分に切り開き，2種金属製可とう電線管を合成樹脂管に収めて電気的に絶縁し，施工した．
ニ．ワイヤラスを十分に切り開き，2種金属製可とう電線管を金属管に収めて保護し，施工した．

解説

ワイヤラスを貫通する可とう電線管工事は，可とう電線管を合成樹脂管に収めて電気的に絶縁して施工する．したがって，正解はハである．

問題

問1	照明器具をメタルラス張りの壁に取り付ける工事で，適切な工事方法は．	イ．器具の金属製部分とメタルラスが電気的に接続しているので，メタルラス部分にD種接地工事を施す． ロ．器具の金属製部分とメタルラスとを電気的に接続して取り付ける． ハ．器具の金属製部分とメタルラスが電気的に接続しているので，この金属製部分にD種接地工事を施す． ニ．器具の金属製部分とメタルラスとを電気的に接続しないように取り付ける．
問2	メタルラス張りの壁を貫通するケーブル工事で，適切な工事方法は．	イ．ケーブルを合成樹脂管に収めた． ロ．ケーブルを金属管に収め，管とメタルラスを電気的に接続し，管には接地工事を施さない． ハ．ケーブルを金属製可とう電線管に収め，管とメタルラスを電気的に接続する． ニ．ケーブルを金属管に収め，管とメタルラスを電気的に接続し，管にD種接地工事を施す．

解答

問1 ーニ   問2 ーイ

15.4 接地工事と絶縁抵抗　　重要知識

出題項目 Check!
- □ 接地工事の種類と接地抵抗
- □ 電路の絶縁抵抗

1 接地工事の種類

接地工事にはA種，B種，C種，D種の4種類の接地工事がある．A種，C種，D種接地工事は，電路に施設する機械器具の鉄台及び金属製外箱に施すもので，表15.1のように機械器具の電圧によって区分される（**電技解釈第19条，23条，29条**）．

B種接地工事は，高圧電路または特別高圧電路と低圧電路とを結合する変圧器の低圧側の中性点に施すものである．

表15.1 接地工事の区分と接地抵抗，接地線の太さ

機械器具の区分	接地工事	接地抵抗	接地線の太さ
300V以下の低圧用のもの	D種接地工事	100（500）Ω	1.6mm
300Vを超える低圧用のもの	C種接地工事	10（500）Ω	1.6mm
高圧用または特別高圧用のもの	A種接地工事	10Ω	2.6mm

（注）（　）内の数値は，電路に磁気を生じた場合に0.5秒以内に自動的に電路を遮断する装置（漏電遮断器）を施設したときの数値

Point

配線問題で出題される接地工事は，300V以下のD種接地工事である．接地抵抗は500Ω（漏電遮断器が設置されている），接地線の太さは1.6mmを覚えておこう．

2 電路の絶縁抵抗（電技第58条）

電路は，大地から絶縁しなければならない．低圧電路の使用電圧によって，絶縁抵抗は，表15.2に掲げる値以上でなければならない．

表15.2 電路の絶縁抵抗

電路の使用電圧	絶縁抵抗値	0.1MΩを基準に
150V以下	0.1MΩ以上	2倍になる
150Vを超え300V以下	0.2MΩ以上	
300Vを超える	0.4MΩ以上	2倍になる

Point

絶縁抵抗は，「150V以下，150Vを超え300V以下，300Vを超える」という三つの区分で，0.1MΩを基準に，0.2MΩ，0.4MΩというように2倍ずつ増えている．

15.4 接地工事と絶縁抵抗

例題 1

図15.12の①の部分に施す接地工事の種類は．

解説

①は，ルームエアコンの接地工事である．

分電盤結線図から，ルームエアコンの使用電圧は単相3線式200Vであるので，接地工事は300V以下のD種接地工事となる．

例題 2

図15.13の①の部分の電路と大地間との絶縁抵抗〔MΩ〕の最小値は．

解説

①の部分はルームエアコン200Vとなっているが，電路は単相3線式200/100Vで，対地電圧は100Vである．

したがって絶縁抵抗の最小値は，150V以下の場合の0.1MΩとなる．もし，電路が三相3線式（$3\phi 3W$）なら，対地電圧は200Vで0.2MΩとなる．

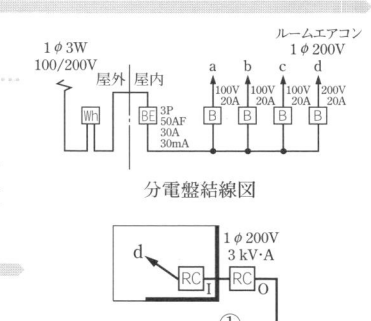

図 15.12

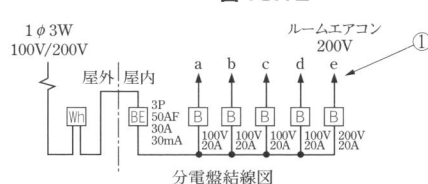

図 15.13

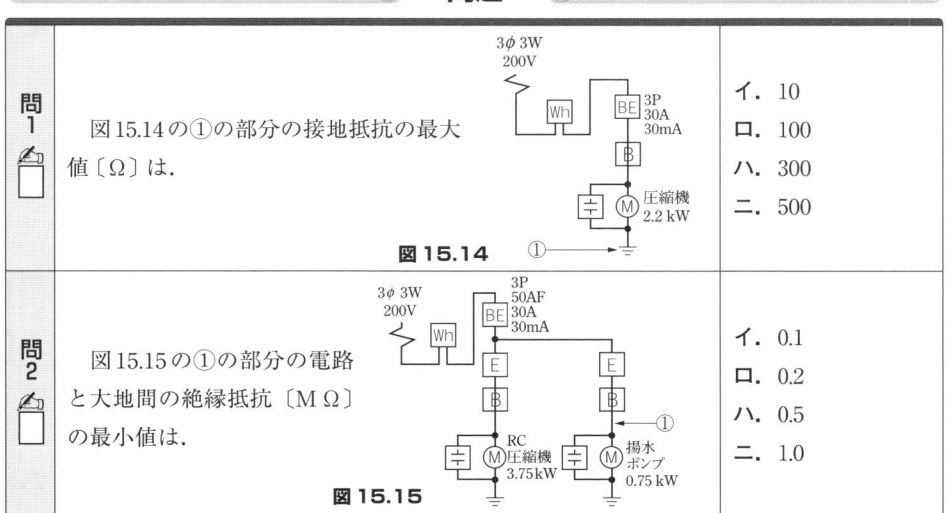

問題

問1	図15.14の①の部分の接地抵抗の最大値〔Ω〕は． 図 15.14	イ．10 ロ．100 ハ．300 ニ．500
問2	図15.15の①の部分の電路と大地間の絶縁抵抗〔MΩ〕の最小値は． 図 15.15	イ．0.1 ロ．0.2 ハ．0.5 ニ．1.0

解答

問1 －ニ（漏電遮断器が設置されているため）　　問2 －ロ

第15章 木造住宅の施工方法

15.5 屋内配線　重要知識

出題項目 Check!
- 低圧屋内配線と小勢力回路
- コードの太さ
- 弱電流電線，水管，ガス管などとの離隔距離

1 屋内配線の電線の太さ

低圧屋内配線は，直径1.6mm以上の軟銅線を用いる（**電技解釈第164条**）．

2 小勢力回路

小勢力回路とは，ブザー，チャイム，警報ベル等に接続する電路をいい，次のように施設する（**電技解釈第237条**）．
① **最大使用電圧は60Vである．**
② 電線には直径0.8mm以上の軟銅線を用いる．

Point

低圧屋内配線の部分と小勢力回路の部分では，電線の太さが異なることを確認しておこう．

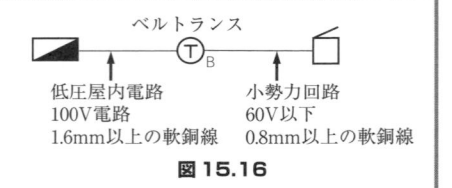

```
                ベルトランス
  ■──────(T)──────□
                  B
低圧屋内電路        小勢力回路
100V電路           60V以下
1.6mm以上の軟銅線   0.8mm以上の軟銅線
```
図 15.16

3 コードの太さ

使用電圧が300V以下の屋内に用いるコードは，断面積が$0.75mm^2$以上のものを用いる．また，白熱電球にはビニルコード以外のコードを用いる（**電技解釈第190条**）．

Point

コードの最小断面積は，$0.75mm^2$と覚えておこう．

4 離隔距離

低圧屋内配線と弱電流電線，水管，ガス管などとの離隔距離は，次のように規定されている（**電技解釈第189条**）．
① がいし引き工事の場合，10cm以上離す．
② その他（合成樹脂管工事，金属管工事，ケーブル工事など）の工事の場合，直接触れなければよい．

15.5 屋内配線

例題 1

図2.17の①の部分に使用できる電線（軟銅線）の最小太さ〔mm〕は．

解説

①の部分は，低圧屋内配線である．したがって，電線は1.6mm以上の軟銅線を使用する．

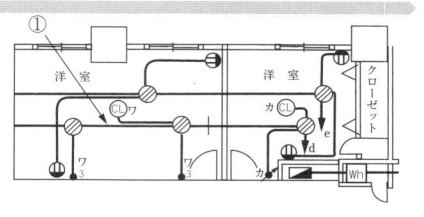

図 15.17

問題

問1	図15.18の①の部分に使用できる軟銅線の最小太さ〔mm〕は． **図 15.18**	イ．0.8 ロ．1.2 ハ．1.6 ニ．2.0
問2	小勢力回路で使用できる電圧の最大値〔V〕と，軟銅線の最小太さ〔mm〕の組み合わせで，適切なものは．	イ．12V：0.8mm ロ．24V：1.6mm ハ．48V：1.6mm ニ．60V：0.8mm
問3	図15.19の①の部分に白熱電球を取り付ける．電球線として使用できる電線とその最小太さの組み合わせで，適切なものは． **図 15.19**	イ．ビニルコード：$0.75mm^2$ ロ．ビニル絶縁電線：1.6mm ハ．ゴムキャブタイヤコード：$0.5mm^2$ ニ．袋打ゴムコード：$0.75mm^2$
問4	ケーブル工事で，ケーブルがガス管と接近している．最小離隔距離は．	イ．直接接触しないようにする ロ．6cm ハ．10cm ニ．30cm

解答

問1 －イ　　問2 －ニ　　問3 －ニ　　問4 －イ

15.6 200V配線と過電流遮断器　重要知識

出題項目 Check!
- □ 対地電圧の制限と例外
- □ 分岐回路の電線の太さとコンセントの容量

1 対地電圧の制限と例外

住宅の屋内電路の対地電圧は，150V以下である．しかし，定格消費電力が2kW以上の電気機械器具を次のような条件で施設すれば，3相200Vでも使用できる（**電技解釈第162条**）．
① 使用電圧が300V以下であること．
② 人が容易に触れるおそれがないように施設する．
③ 屋内配線と直接接続する．
④ 専用の開閉器及び過電流遮断器を施設する．
⑤ 漏電遮断器を施設する．

Point
電気工事士の問題には，例外がよく出題される．上記の内容は，配線問題および一般問題に三相200V用配線工事の方法として出題される．

2 分岐回路

分岐回路における過電流遮断器の定格，電線の太さ，コンセントの容量は，図15.20のように規定されている（**電技解釈第171条**）．

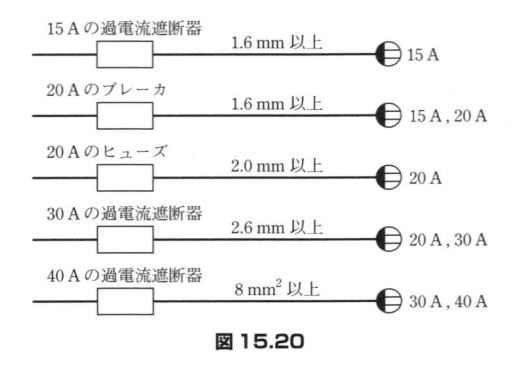

過電流遮断器	電線の太さ	コンセント
15Aの過電流遮断器	1.6mm以上	15A
20Aのブレーカ	1.6mm以上	15A, 20A
20Aのヒューズ	2.0mm以上	20A
30Aの過電流遮断器	2.6mm以上	20A, 30A
40Aの過電流遮断器	$8mm^2$以上	30A, 40A

図15.20

Point
① 15A用のコンセントは，容量の表示を省略する．
② 20Aの過電流遮断器は，ブレーカとヒューズで電線の太さ，コンセントの容量が異なる．

15.6 200V配線と過電流遮断器

例題 1

図15.21の①の部分で，(a)ルームエアコンと屋内配線の接続方法，(b)ルームエアコンの定格消費電力〔kW〕の最小値の組み合わせで，正しいものは．

イ．(a) コンセントを使用して接続　　(b) 1.5
ロ．(a) 直接接続　　　　　　　　　　(b) 2
ハ．(a) 直接接続　　　　　　　　　　(b) 1.5
ニ．(a) コンセントを使用して接続　　(b) 2

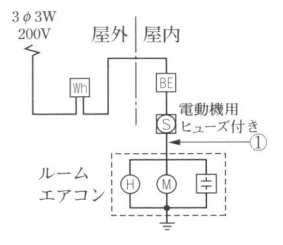

図 15.21

解説

①は三相200Vの配線である．したがって電技解釈第162条より，エアコンの定格消費電力の最小値は2kWで，屋内配線との接続方法は直接接続とする．正解はロである．

例題 2

図15.22の①の部分の深夜電力利用の温水器に至る電線の太さはいくらか．

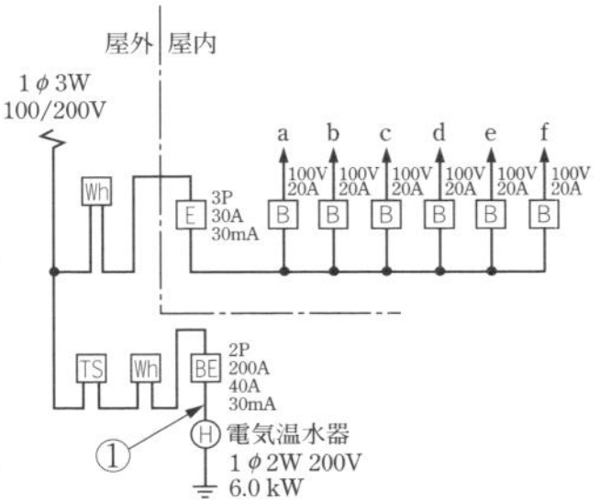

解説

電気温水器には40Aの過電流遮断器が用いられている．したがって，断面積8mm²以上の電線の太さが必要である．

図 15.22

問題

問1	住宅に三相200V，2.7kWのルームエアコンを施設する屋内配線工事の方法として，不適切なものは．	イ．電線は人が容易に触れるおそれがないように施設する． ロ．電路には専用の配線用遮断器を施設する． ハ．電路には漏電遮断器を施設する． ニ．ルームエアコンは屋内配線とコンセントで接続する．

問2	①の部分の配線用遮断器の定格電流の最大値〔A〕は．ただし，分岐回路aには，図のようなコンセントが接続されている． 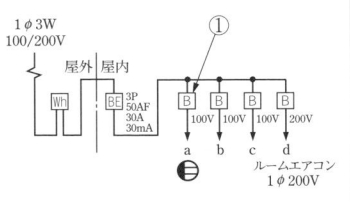	**図 15.23**	イ．15 ロ．20 ハ．30 ニ．50

解答

問1 －ニ　　**問2** －ロ（コンセントに容量の表示がないものは15A用である．したがって，配線用遮断器の最大容量は20Aとなる）．

16 単線図から複線図への変換

16.1 スイッチに至る電線の本数　重要知識

出題項目 Check!
□スイッチへ至る電線の最少電線本数

1 最少電線本数の求め方

スイッチに至る電線の本数は，次のように求める．

最少電線本数＝（スイッチの数）＋1

ただし，3路スイッチは，スイッチ二つ分として数える．

2 片切スイッチだけの場合の求め方

図16.1の①の部分の電線最小本数は，片切スイッチが（イ），（ロ），（ハ）と三つあるので，

最少電線本数＝（スイッチの数）＋1
　　　　　　＝3＋1＝4

となり，最少電線本数は4本となる．

図 16.1

3 片切スイッチと3路スイッチがある場合

図16.2の①の部分の電線最小本数は，片切スイッチ（イ）と（ロ）は各一つ，3路スイッチ（ハ）は二つとして数えるので，

最少電線本数＝（スイッチの数）＋1
　　　　　　＝（片切スイッチの数2＋3路スイッチの数2）＋1
　　　　　　＝4＋1＝5

となり，電線最小本数は5本である．

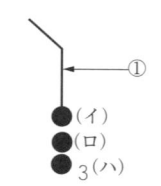

図 16.2

Point

スイッチに至る電線の本数は「スイッチの数＋1」である．ただし，3路スイッチはスイッチ二つ分と数える．

16.1 スイッチに至る電線の本数

例題 1

図16.3の①の部分の電線の最少電線本数はいくらか.

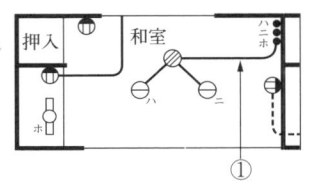

解説

①の部分は、スイッチに至る電線である．スイッチの数は、片切スイッチが(ハ),(ニ),(ホ)の三つなので,

電線最小本数 = 3 + 1 = 4 となる.

図 16.3

例題 2

図16.4の①の部分の電線の最少電線本数はいくらか.

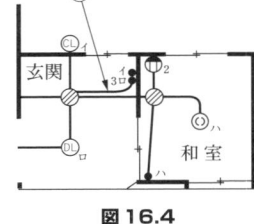

解説

①の部分のスイッチは、片切スイッチ(イ)は1,3路スイッチ(ロ)は2として数えるので,

電線最小本数 =(片切スイッチの数1 + 3路スイッチの数2)+ 1 = 4

となる.

図 16.4

問題

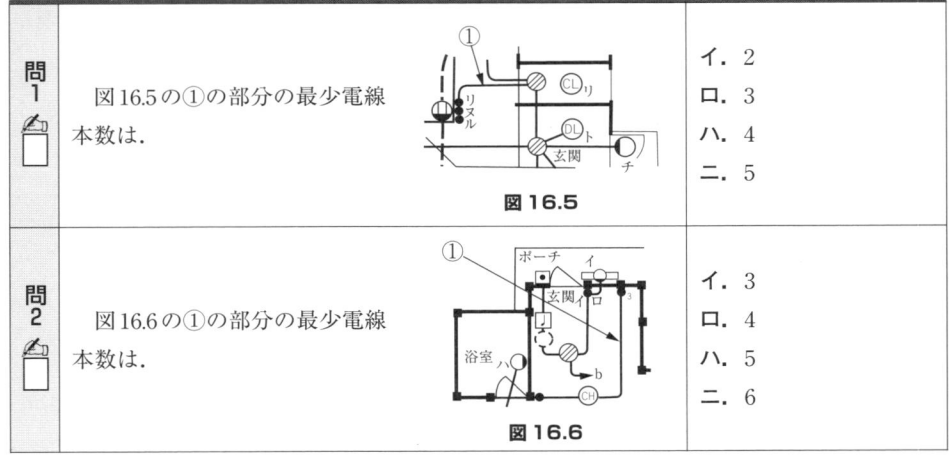

問1	図16.5の①の部分の最少電線本数は.	**図 16.5**	イ. 2 ロ. 3 ハ. 4 ニ. 5
問2	図16.6の①の部分の最少電線本数は.	**図 16.6**	イ. 3 ロ. 4 ハ. 5 ニ. 6

解答

問1 -ハ　　**問2** -イ

16.2 ジョイントボックス間の電線の本数　重要知識

出題項目 Check!

□ ジョイントボックス間の電線の最少電線本数

1 ジョイントボックス間の電線の最少電線本数

図16.7の①の部分のようなジョイントボックス間の電線の最少電線本数は，実際に単線図を複線図に変換して求める．

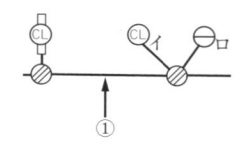

図 16.7

2 単線図から複線図への変換方法（図16.8）

① 電源，スイッチ，コンセント，負荷等を配置する（b）．
② 電源の黒線（非接地線）をスイッチへつなぐ（c）．
③ 電源の白線（接地線）を負荷につなぐ（c）．
④ スイッチと負荷の余った線同士をつなぐ（d）．
⑤ コンセントに白線，黒線をつなぐ（e）．

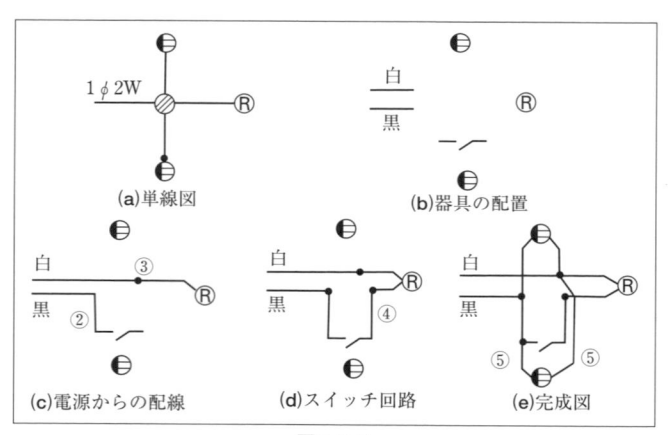

図 16.8

Point

① 電源の白線（接地線）は負荷へ，黒線（非接地線）はスイッチへつなぐ．
② 3路スイッチは，1と3の端子同士をつないで一つのスイッチとして考える．

16.2 ジョイントボックス間の電線の本数

例題 1

図16.9の①の部分の最少電線本数はいくらか.

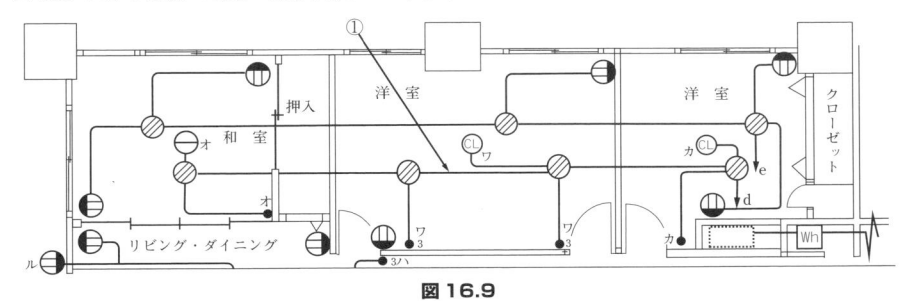

図 16.9

解説

① 求める電線本数に関係のある部分だけを描き出す. 電源の線は, (オ)の照明器具のために左まで延びる.
② 3路スイッチは1と3の端子同士をつないで, 一つのスイッチとして考える.

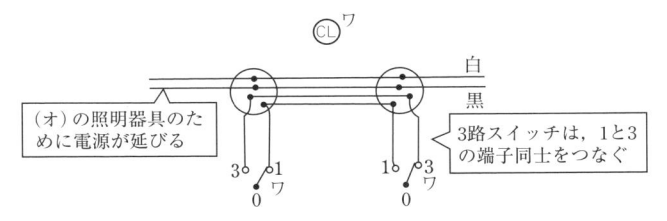

図 16.10

③ 電源の白線は負荷(ワ)へつなぐ.
④ 電源の黒線は, スイッチへつなぐ. この場合, 左側の3路スイッチの端子0を黒線につなぐ. そうするとジョイントボックス間の電線数を少なくできる.
⑤ 右側の3路スイッチの端子0と負荷の余った線をつなぐ. ジョイントボックス間の最少電線本数は, 4本となる.

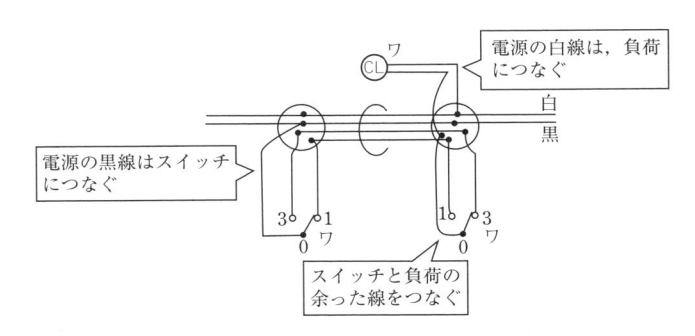

図 16.10

第16章 単線図から複線図への変換

問題

問1

図16.12の①の部分の最少電線本数は.

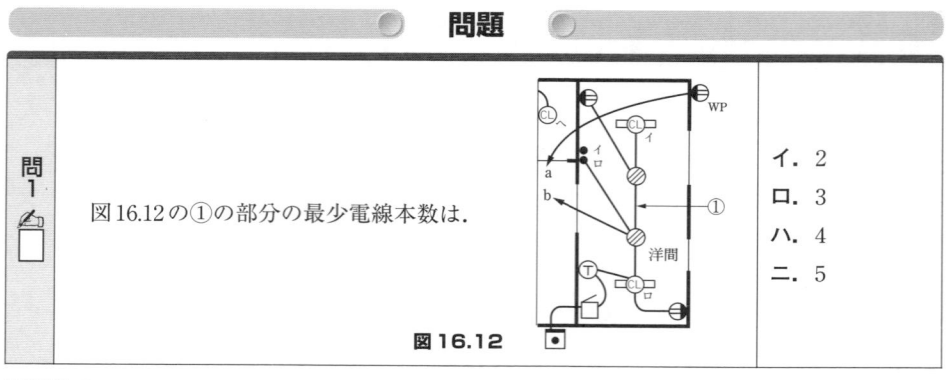

イ. 2
ロ. 3
ハ. 4
ニ. 5

図 16.12

解説

① 電源の黒線をスイッチ（イ）と（ロ），コンセントにつなぐ.
② 電源の白線は，負荷（イ）と（ロ），コンセントにつなぐ.
③ スイッチ（イ）と負荷（イ），スイッチ（ロ）と負荷（ロ）の余った線同士をつなぐ.
　最少電線本数は，3本となる.

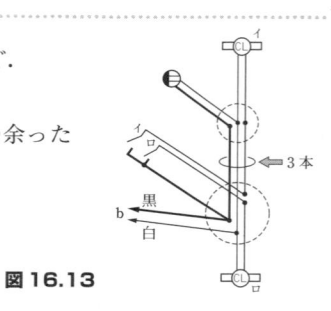

図 16.13

問題

問2

図16.14の①の部分の最少電線本数は.

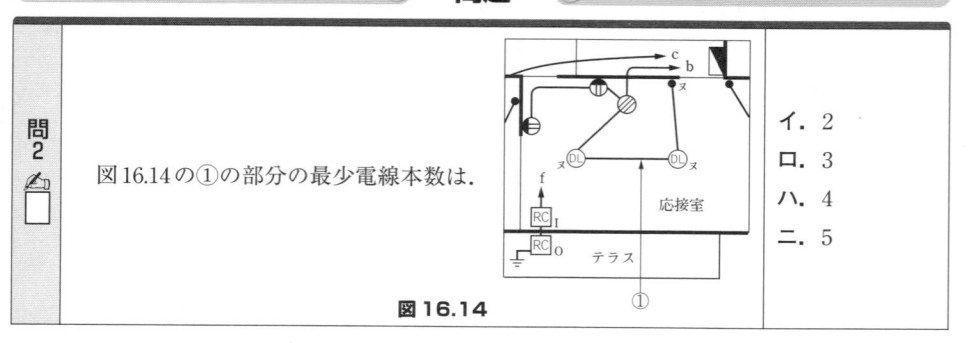

イ. 2
ロ. 3
ハ. 4
ニ. 5

図 16.14

解説

① 負荷（ヌ）が二つあるので，並列につなぐ.
② 電源の黒線をスイッチにつなぐ.
③ 電源の白線を負荷（ヌ）につなぐ.
④ スイッチと負荷（ヌ）の余った線同士をつなぐ.
　最少電線本数は，3本となる.

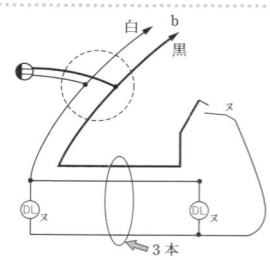

図 16.15

16.3 ジョイントボックス内の配線　**重要知識**

出題項目 Check!

□ ジョイントボックス内の配線図

1　ジョイントボックス内の配線

図16.16の①の部分のジョイントボックス内の配線図については，実際に単線図を複線図に変換して求める．

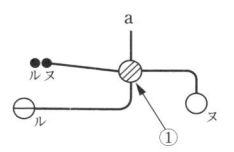

図16.16

例題

図16.17の①の部分のジョイントボックス内の電線の接続として，正しいものはどれか．

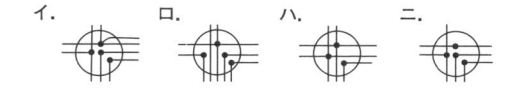

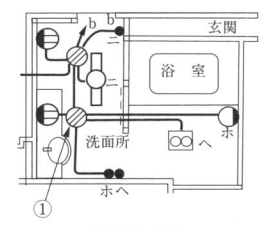

イ．　ロ．　ハ．　ニ．

図16.17

解説

① ジョイントボックスの配線に関係のある部分だけを描き出す（図16.18）．
② 電源の白線は，負荷(ホ)と(ヘ)，コンセントにつなぐ．
④ 電源の黒線は，スイッチ(ホ)と(ヘ)，コンセントにつなぐ．
③ スイッチ(ホ)と負荷(ホ)，スイッチ(ヘ)と負荷(ヘ)の余った線同士をつなぐ．ジョイントボックス内の配線は，イが正解となる．

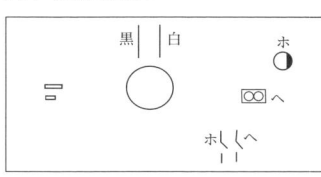

図16.18

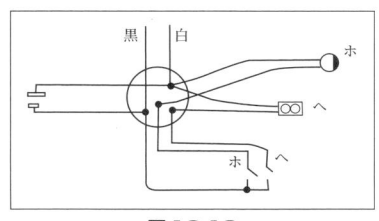

図16.19

第16章 単線図から複線図への変換

問題

問1 ①の部分のジョイントボックス内の結線として，正しいものは．

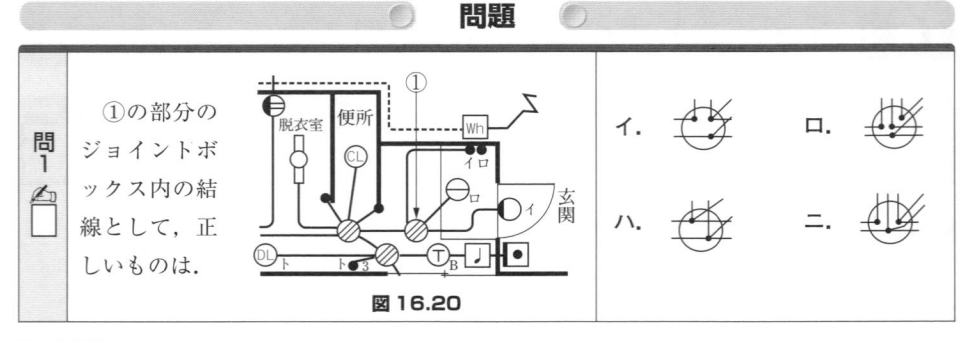

図 16.20

イ．　ロ．　ハ．　ニ．

解説

① ジョイントボックスの配線に関係のある部分だけを描き出す．
② 電源の黒線をスイッチ（イ）と（ロ）につなぐ．
③ 電源の白線を負荷（イ）と（ロ）につなぐ．
④ スイッチ（イ）と負荷（イ），スイッチ（ロ）と負荷（ロ）の余った線同士をつなぐ．
　ジョイントボックス内の結線は，ロが正解となる．

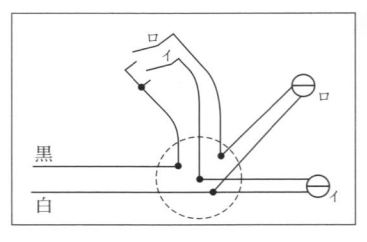

図 16.21

問題

問2 ①の部分のジョイントボックス内の結線として，正しいものは．

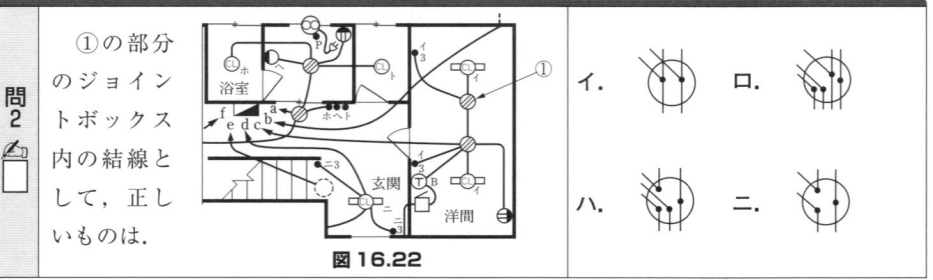

図 16.22

イ．　ロ．　ハ．　ニ．

解説

① ジョイントボックスの配線に関係のある部分だけを描き出す．
② 3路スイッチの1と3端子同士をつなぐ．
③ 電源の黒線を3路スイッチの0端子につなぐ．
④ 電源の白線を負荷（イ）につなぐ．
⑤ 3路スイッチと負荷（イ）の余った線同士をつなぐ．ジョイントボックス内の結線は，ロが正解となる．

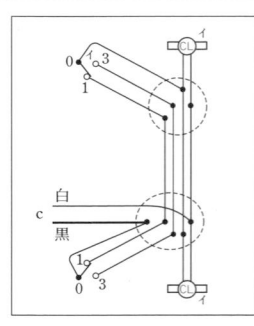

図 16.23

16.3 ジョイントボックス内の配線

問題

問3

①の部分のジョイントボックス内の結線として，正しいものは．

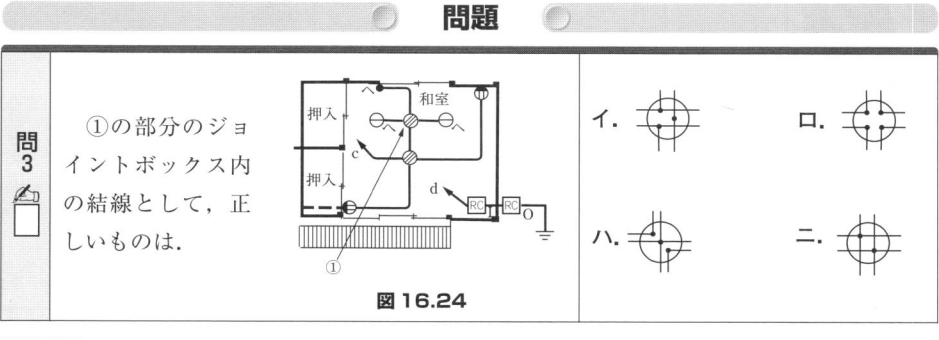

図 16.24

イ． ロ． ハ． ニ．

解説

① ジョイントボックスの配線に関係のある部分だけを描き出す．
　負荷が二つあるので，並列につなぐ．
② 電源の黒線をスイッチにつなぐ．
③ 電源の白線を負荷（ヘ）につなぐ．
④ スイッチと負荷（ヘ）の余った線同士をつなぐ．
　ジョイントボックス内の結線は，イが正解となる．

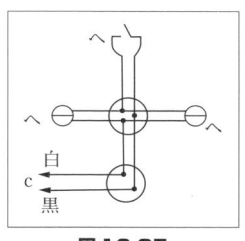

図 16.25

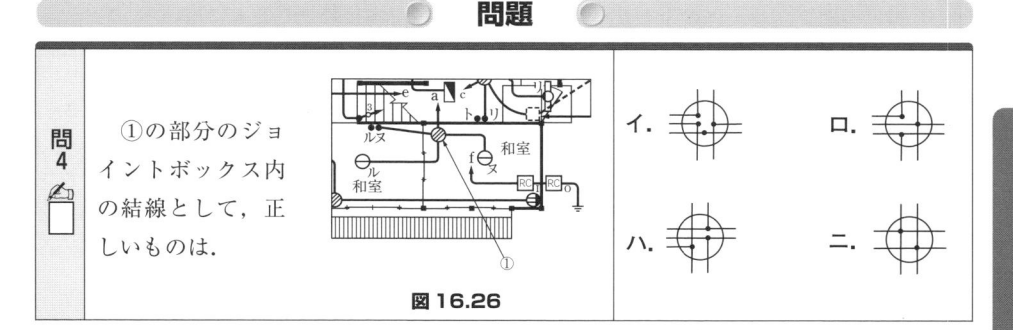

問題

問4

①の部分のジョイントボックス内の結線として，正しいものは．

図 16.26

イ． ロ． ハ． ニ．

解説

① ジョイントボックスの配線に関係のある部分だけを描き出す．
② 電源の黒線をスイッチ（ヌ）と（ル）につなぐ．
③ 電源の白線を負荷（ヌ）と（ル）につなぐ．
④ スイッチ（ヌ）と負荷（ヌ），スイッチ（ル）と負荷（ル）の余った線同士をつなぐ．
　ジョイントボックス内の結線は，イが正解となる．

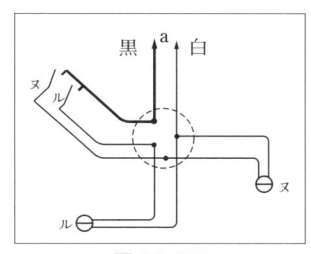

図 16.27

第16章 単線図から複線図への変換

181

17 器具と材料の選別

17.1 圧着ペンチとリングスリーブ　重要知識

出題項目 Check!
- □ リングスリーブ用圧着ペンチの使い方
- □ リングスリーブと使用電線の組み合わせ

1 リングスリーブ用圧着ペンチ

リングスリーブ用圧着ペンチには，図17.1のようにダイス部分に刻印があり，リングスリーブの種類によって，圧着する場所が決められている．大（刻印大）はリングスリーブの大，中（刻印中）はリングスリーブの中，小（刻印小）はリングスリーブの小を圧着するときに用いる．特小（刻印○）は，リングスリーブの小を使って1.6mmで電線を2本接続するときに用いる．

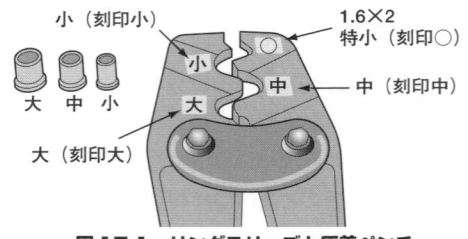

図17.1　リングスリーブと圧着ペンチ

Point

特小（刻印○）は，リングスリーブの小を用いて，1.6mmの電線を2本接続するときに用いる．

2 リグスリーブの種類と電線の本数

リングスリーブの種類と使用可能な電線の本数は，表17.1のとおりである．

表17.1　リングスリーブの種類と電線の本数

リングスリーブの種類 \ 電線の種類	1.6mm 又は 2.0mm²	2.0mm 又は 3.5mm²	2.6mm 又は 5.5mm²	使用可能な電線の組み合せ
小	4本	2本	—	2.0mm 1本と1.6mm 1～2本
中	5～6本	3～4本	2本	2.0mm 1本と1.6mm 3～5本 2.0mm 3本と1.6mm 1～3本
大	7本	5本	3本	

Point

リングスリーブの小は，1.6mmの電線が4本まで，2.0mmの電線1本と1.6mmの電線が2本まで接続できる．

17.1 圧着ペンチとリングスリーブ

例題

図17.2の①で示すジョイントボックス内の接続を圧着接続とする場合，使用するリングスリーブの種類と最小個数は．

解説

例題の複線図は，図17.3のようになり，接続箇所は3カ所である．1.6mmが2本の部分はリングスリーブの小，2.0mmが2本と1.6mmが1本の部分はリングスリーブの中が2個必要となる．

答　リングスリーブ小1個，中2個

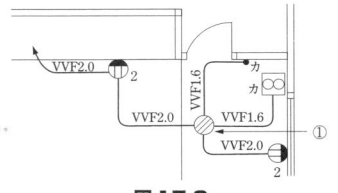

図17.2

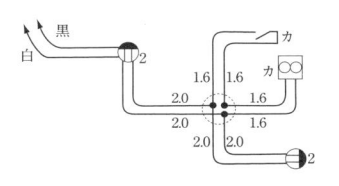

図17.3

問題

問1　①で示すジョイントボックス内の接続をすべて圧着接続とする場合，使用するリングスリーブの種類と必要個数の組み合わせで，適切なものは．

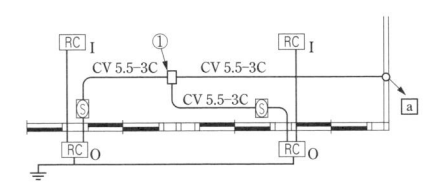

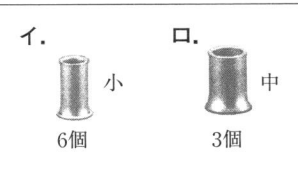

イ．小　6個
ロ．中　3個
ハ．大　3個
ニ．小　3個

問2　2ヶ所のジョイントボックス内の接続を圧着接続とする場合，使用するリングスリーブの種類と最小個数の組み合わせで，適切なものは．ただし，配線は隠ぺい配線とし，特記のない電線はVVF1.6mmとする．

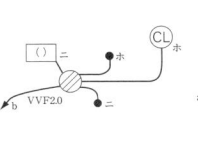

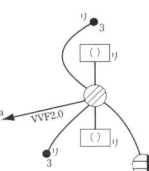

イ．小5　中4
ロ．小6　中3
ハ．小7　中2
ニ．小8　中1

解答

問1　ーハ　　**問2**　ーニ

17.2 配線器具　　重要知識

出題項目 Check!
- □ コンセント，スイッチの図記号と名称
- □ 配線器具の図記号と名称

1　コンセントの図記号と写真

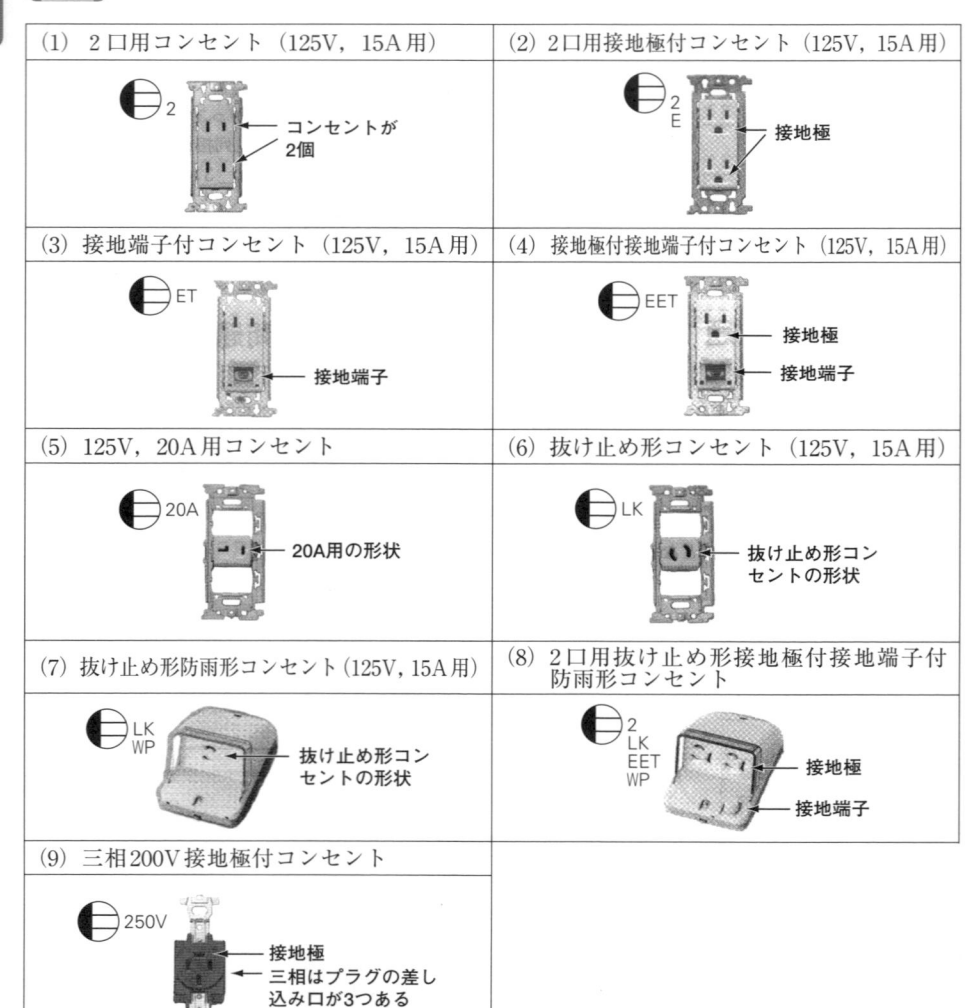

(1) 2口用コンセント（125V，15A用） 記号：2 コンセントが2個	(2) 2口用接地極付コンセント（125V，15A用） 記号：2E 接地極
(3) 接地端子付コンセント（125V，15A用） 記号：ET 接地端子	(4) 接地極付接地端子付コンセント（125V，15A用） 記号：EET 接地極／接地端子
(5) 125V，20A用コンセント 記号：20A 20A用の形状	(6) 抜け止め形コンセント（125V，15A用） 記号：LK 抜け止め形コンセントの形状
(7) 抜け止め形防雨形コンセント（125V，15A用） 記号：LK WP 抜け止め形コンセントの形状	(8) 2口用抜け止め形接地極付接地端子付防雨形コンセント 記号：2 LK EET WP 接地極／接地端子
(9) 三相200V接地極付コンセント 記号：250V 接地極／三相はプラグの差し込み口が3つある	

Point

接地極はE，接地端子はET，抜け止めはLX，防雨形はWPに注意する．
防雨形コンセントと抜け止め形コンセントは，その形状に注意する．

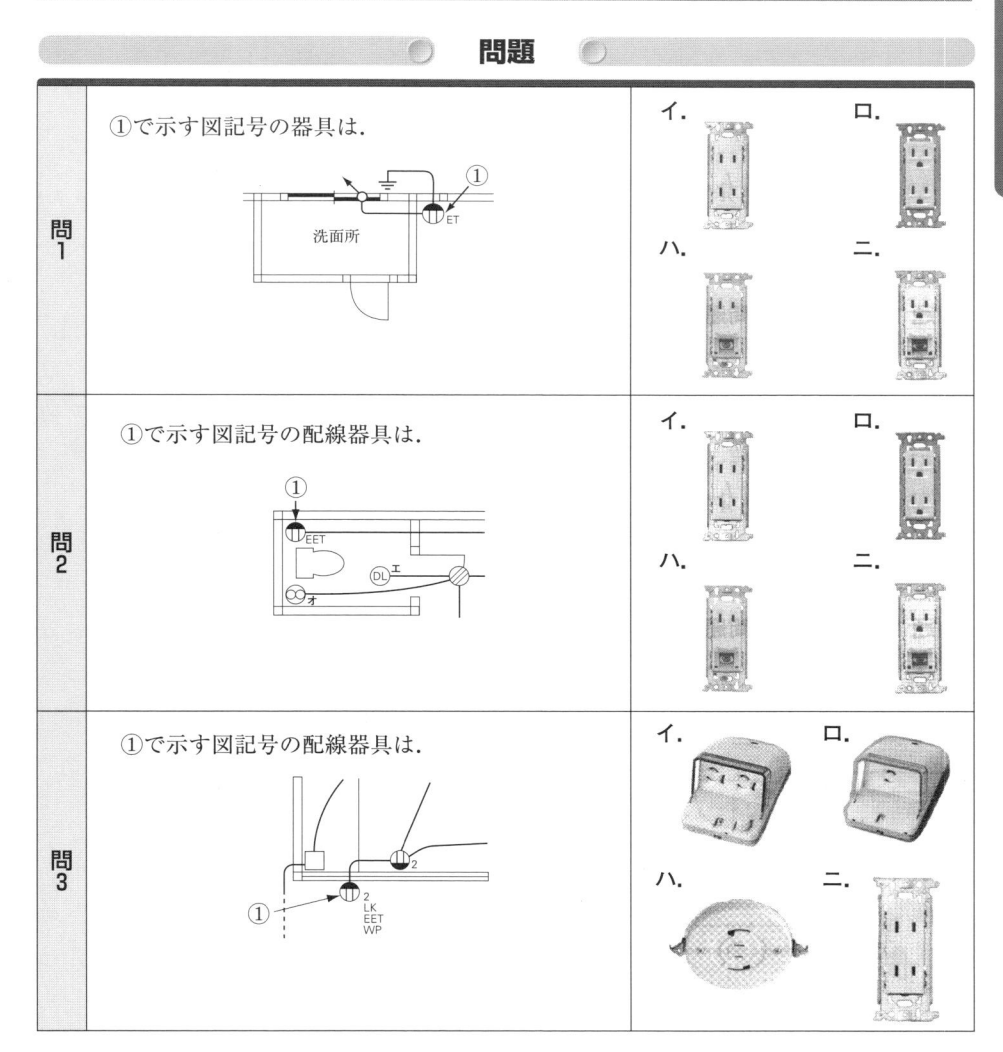

問題

問1　①で示す図記号の器具は．

問2　①で示す図記号の配線器具は．

問3　①で示す図記号の配線器具は．

解答

問1 ─ ハ　　問2 ─ ニ　　問3 ─ イ

2 埋込スイッチの図記号と写真

(1) 単極スイッチ	(2) 3路スイッチ
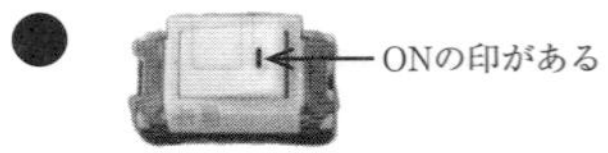 ● ONの印がある 単極用	 ●3 ONの印がない 3路用
(3) 確認表示灯内蔵単極スイッチ	(4) リモコンスイッチ
 ●L 「入」で点灯 単極用	 ●R リモコン用

3 スイッチボックスへの取り付け

　埋め込みスイッチは，アウトレットボックスやスイッチボックスなどのボックスに収める．図17.4は，スイッチボックスへの取り付け方法である．埋め込みスイッチは連用取付枠に取り付け，この上にプレートをかぶせる．連用取付枠には，上中下の3つの取り付け箇所があり，スイッチ1個の場合は連用取付枠の真ん中に，2個の場合は連用取付枠の上下，3個の場合はすべてに取り付ける．このとき取り付けたスイッチの個数に応じたプレートを選ぶ．

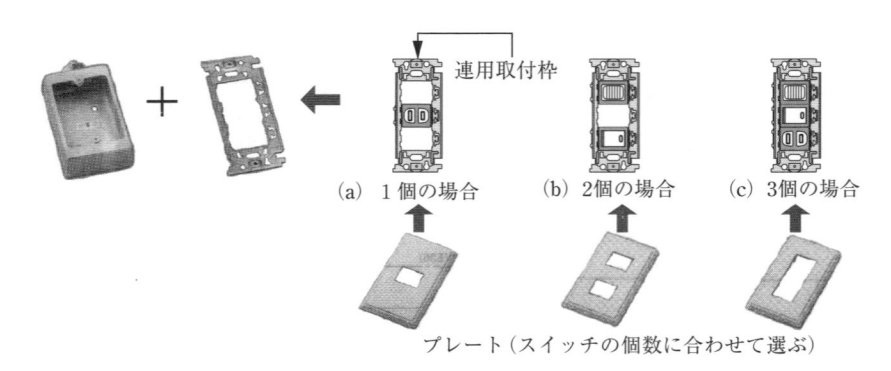

(a) 1個の場合　(b) 2個の場合　(c) 3個の場合

プレート（スイッチの個数に合わせて選ぶ）

図17.4

4 配線器具

　電線の接続は，図17.5のVVF用ジョイントボックスや図17.6のアウトレットボックス内で行う．

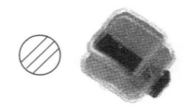

図17.5　VVF用ジョイントボックス 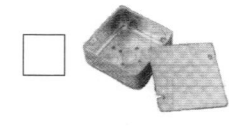　　**図17.6　アウトレットボックス**

17.2 配線器具

例題 1

図17.7の①で示す点滅器の取り付け工事で使用する材料として，不適切なものは．

イ．　　ロ．　　ハ．　　ニ．

図 17.7

解説

①の部分は，イとロの片切スイッチとハの3路スイッチの配線である．したがって，解答ハの連用取り付け枠は使用する．①の部分はVVF用ジョイントボックスからの配線と，①の部分から階段蛍光灯ハへの電源の送り線が交わる．したがって，ボックスは解答ニのアウトレットボックスを使用する．解答イのスイッチボックスは不必要である．解答ロのぬりしろカバーは，ボックスの表面に取り付け，壁の仕上げ面の調整に用いる．

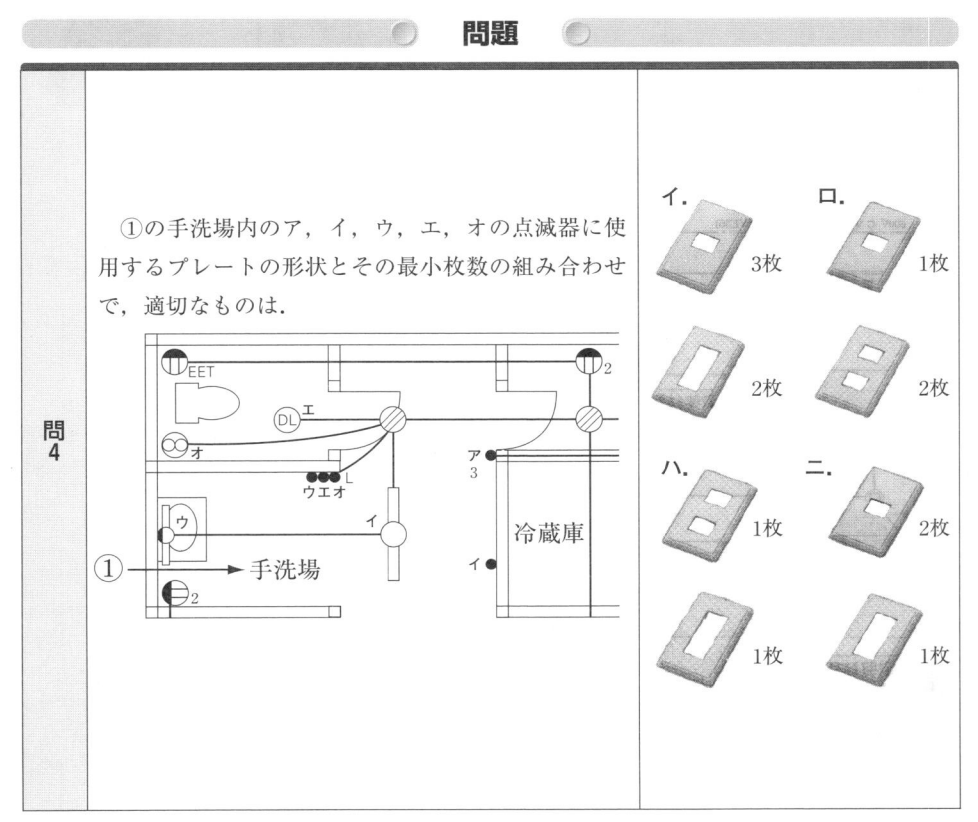

問題

問 4

①の手洗場内のア，イ，ウ，エ，オの点滅器に使用するプレートの形状とその最小枚数の組み合わせで，適切なものは．

イ．3枚　　ロ．1枚

　　2枚　　　　2枚

ハ．1枚　　ニ．2枚

　　1枚　　　　1枚

187

第17章 器具と材料の選別

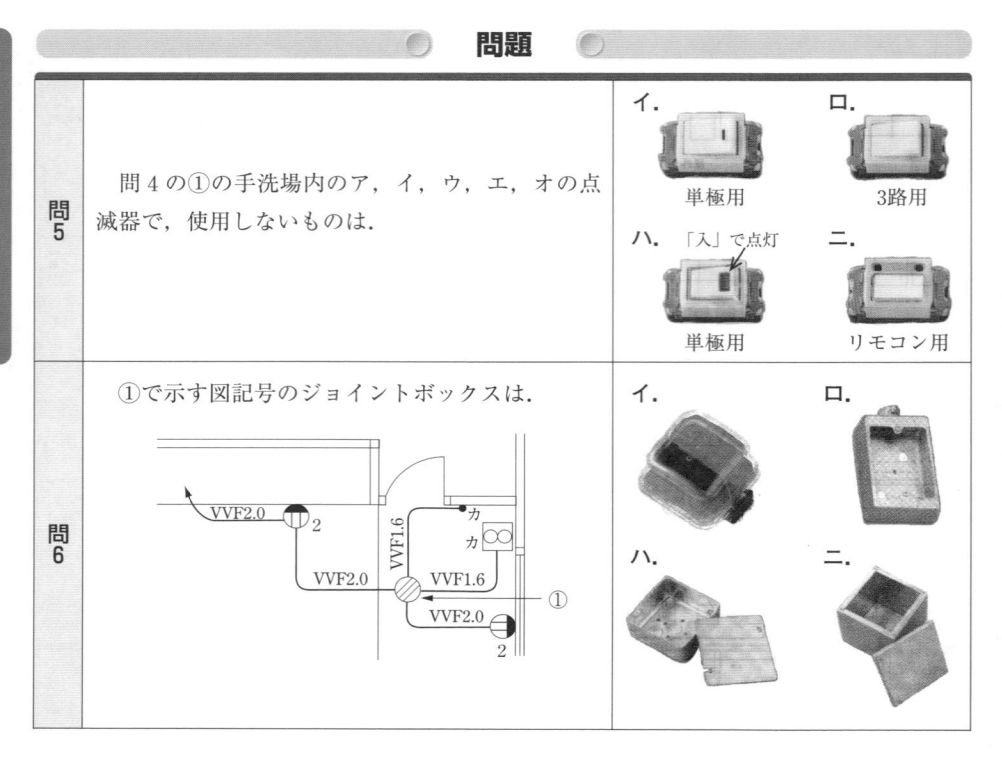

問題

問5	問4の①の手洗場内のア，イ，ウ，エ，オの点滅器で，使用しないものは．	イ．単極用　ロ．3路用　ハ．単極用「入」で点灯　ニ．リモコン用
問6	①で示す図記号のジョイントボックスは．	イ．　ロ．　ハ．　ニ．

解答

問4 ーニ　　問5 ーニ　　問6 ーイ

例題2

図17.8に示す図記号の屋外の雨線内で使用する照明器具は．

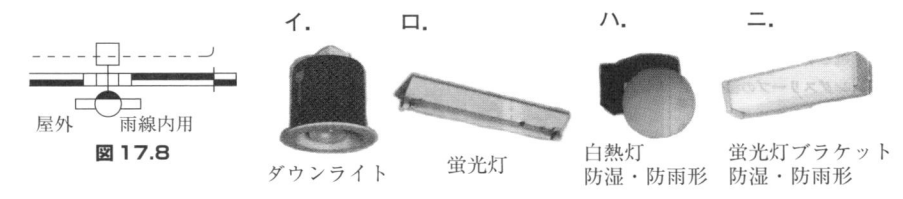

図17.8 屋外 雨線内用

イ．ダウンライト
ロ．蛍光灯
ハ．白熱灯 防湿・防雨形
ニ．蛍光灯ブラケット 防湿・防雨形

解説

図記号は壁付の蛍光灯である．蛍光灯はロとニがあるが，ロの蛍光灯は天井付なので，ニが正解となる．

例題3

図17.9の①で示す図記号の器具は．

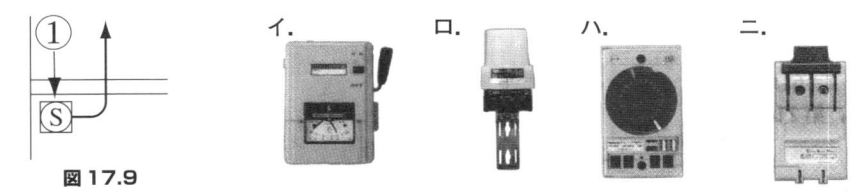

図17.9

解説

図記号は電流計付開閉器である．したがって，イである．ロは自動点滅器，ハはタイムスイッチ，ニはカバー付ナイフスイッチである．

例題4

図17.10の①で示す図記号の器具は．

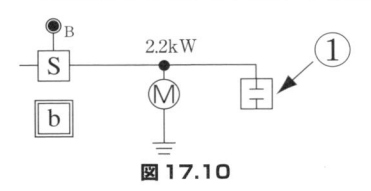

図17.10

解説

図記号は，コンデンサである．したがって，「$40\mu F$」の表記があるイが正解である．ロはネオン変圧器，ハは配線用遮断器，ニは電磁開閉器である．

Point

配線器具の選別は，鑑別問題の写真・名称・用途について整理しておきましょう．

17.3 工具と材料　　　重要知識

出題項目 Check!

□電気工事に用いる工具と材料

1 金属管工事

ネジなし金属管とアウトレットボックスの接続は，図17.11のような手順で行う．

① アウトレットボックスの穴に外側からねじなしボックスコネクタを差し込み，内側からロックナットを用いて固定する．このときロックナットの締め付けにはプライヤーなどを用いる（図a）．
② ネジなしボックスコネクタの内側に絶縁ブッシングを取り付ける（図b）．
③ ねじなしボックスコネクタに金属管を挿入し，ドライバで締め付ける．さらに，プライヤまたはペンチで，止めねじの頭部がねじ切れるまで締め付ける（図c）．
④ 金属管のもう一方の管端にねじなし絶縁ブッシングを取り付け，止めねじの頭部がねじ切れるまで締め付ける（図d）．さらに，ゴムブッシングをFケーブルが挿入されるアウトレットボックスの穴に取り付ける．

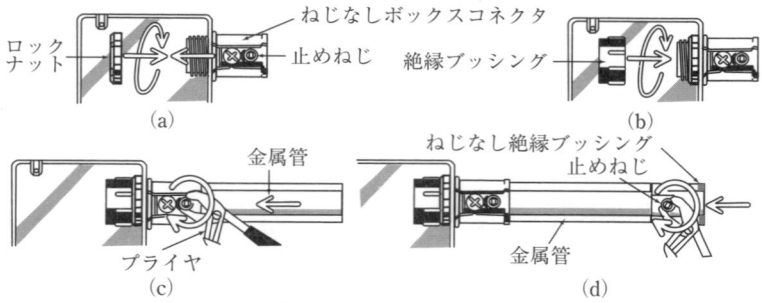

図17.11　金属管とアウトレットボックスの組立

2 合成樹脂管工事

合成樹脂可とう電線管（PF管）とアウトレットボックスの接続は，図17.12のような手順で行う．

① 合成樹脂可とう電線管用コネクタのロックナットを外す（図a）．
② アウトレットボックスの外側からコネクタを差し込み，内側からロックナットを取り付け，プライヤなどで締め付ける（図b）．
③ コネクタにPF管を挿入する（図c）．
④ PF管のもう一方の管端にもコネクタを取り付ける．ゴムブッシングをFケーブルが挿入されるアウトレットボックスの穴に取り付ける．

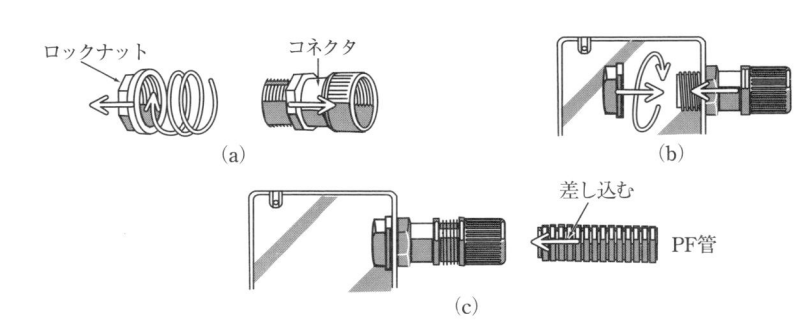

図17.12　PF管とアウトレットボックスの組立

例題 1

図17.13の①で示すボックス内の電線相互の圧着接続に用いる工具は．

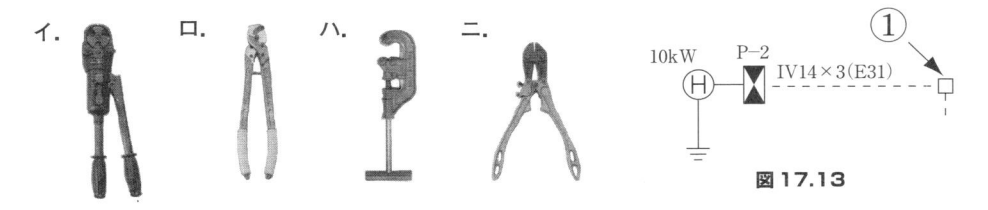

イ．　ロ．　ハ．　ニ．

図17.13

解説

ボックス内の電線相互の圧着接続に用いる工具は，イの油圧式圧着ペンチである．ロはケーブル等の切断に用いるケーブルカッタ，ハは金属管の切断に用いるパイプカッタ，ニは電線などの切断に用いるボルトクリッパである．

Point

電気工事に用いる工具の選別は，鑑別問題の写真・名称・用途について整理しておきましょう．

例題 2

図17.14の①で示す部分を金属管工事で行う場合，管の支持に用いる材料は．

イ．　ロ．　ハ．　ニ．

図17.14

第17章 器具と材料の選別

解説

①の部分の金属管工事は，露出配線である．したがって，金属管の支持には，ロの鋼帯支持金具（商品名：パイラック）を用いる．イはボックスコネクタ，ハはユニバーサルエルボ，ニはカップリングである．

例題3

図17.15の①で示す部分に接地工事を施すとき，用いないものは．

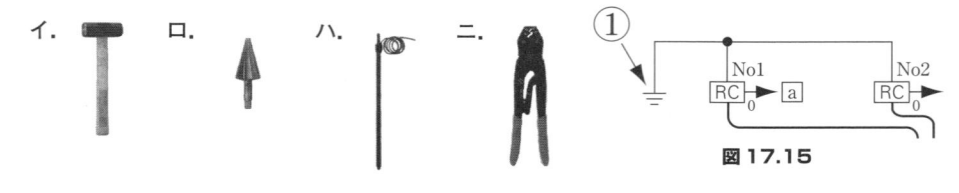

イ．　　　ロ．　　　ハ．　　　ニ．

図17.15

解説

ロのリーマは接地工事には用いない．イのハンマは接地棒を大地に打ち込むときに用いる．ハは接地棒である．ニの圧着ペンチは接地線にネジ止め用の端子を取り付ける際に用いる．

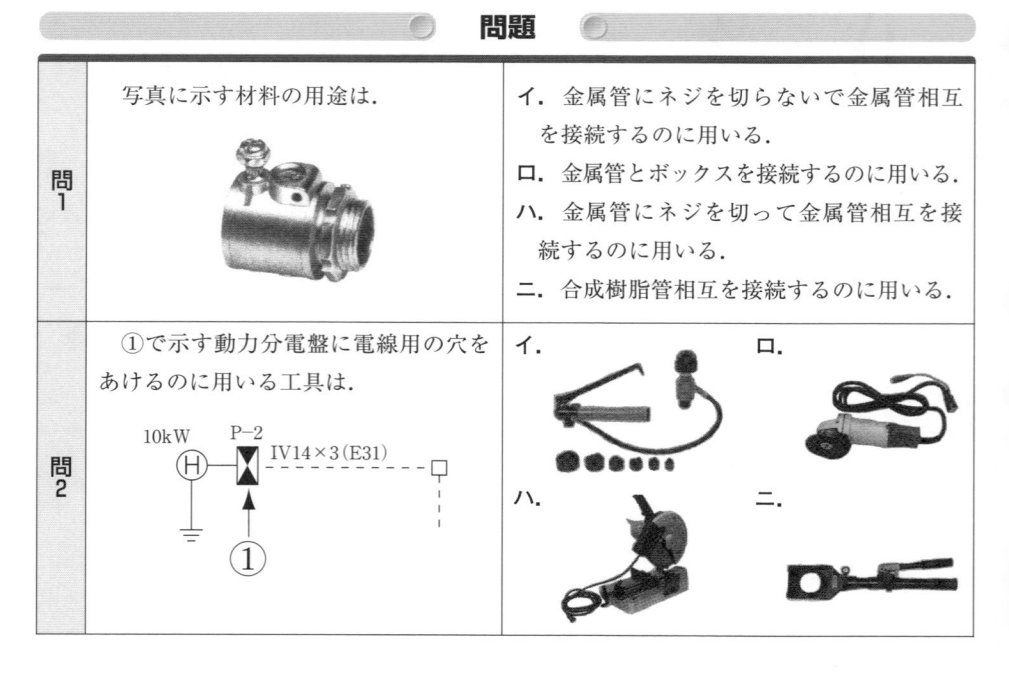

問題

問1	写真に示す材料の用途は．	イ．金属管にネジを切らないで金属管相互を接続するのに用いる． ロ．金属管とボックスを接続するのに用いる． ハ．金属管にネジを切って金属管相互を接続するのに用いる． ニ．合成樹脂管相互を接続するのに用いる．
問2	①で示す動力分電盤に電線用の穴をあけるのに用いる工具は．	イ．　ロ． ハ．　ニ．

17.3 工具と材料

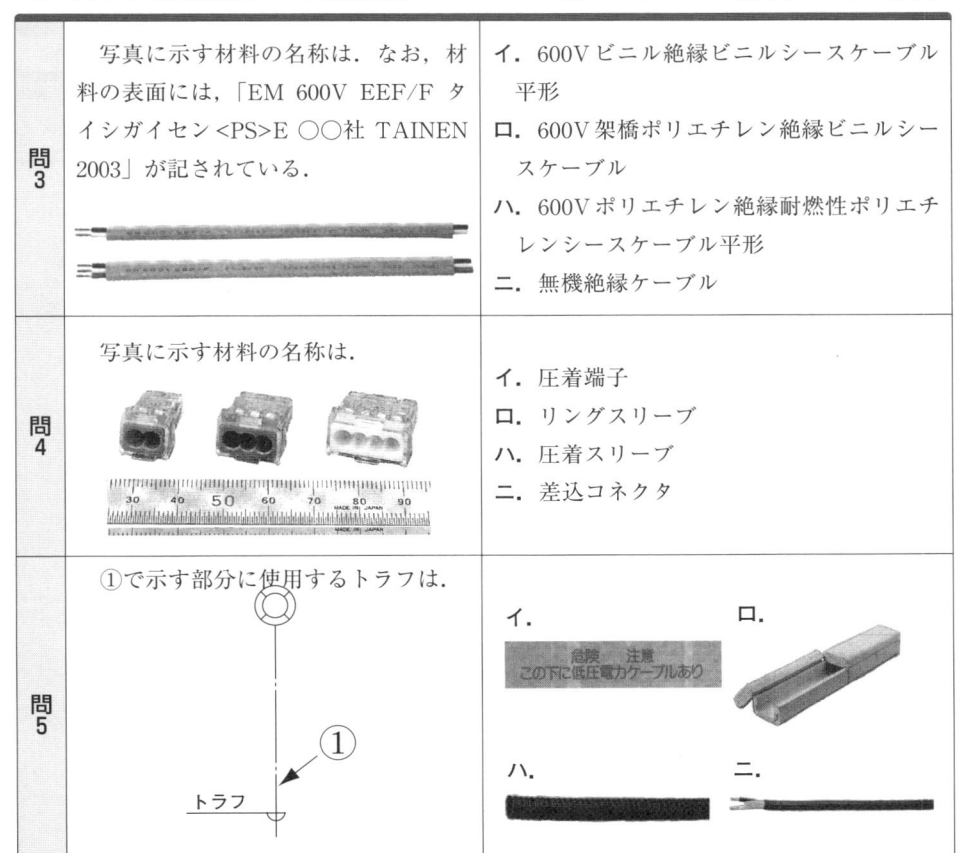

問題

問3	写真に示す材料の名称は．なお，材料の表面には，「EM 600V EEF/F タイシガイセン <PS>E ○○社 TAINEN 2003」が記されている．	イ．600V ビニル絶縁ビニルシースケーブル平形 ロ．600V 架橋ポリエチレン絶縁ビニルシースケーブル ハ．600V ポリエチレン絶縁耐燃性ポリエチレンシースケーブル平形 ニ．無機絶縁ケーブル
問4	写真に示す材料の名称は．	イ．圧着端子 ロ．リングスリーブ ハ．圧着スリーブ ニ．差込コネクタ
問5	①で示す部分に使用するトラフは．	イ．（危険 注意 この下に低圧電力ケーブルあり） ロ． ハ． ニ．

解答

問1 —ロ　　問2 —イ　　問3 —ハ　　問4 —ニ　　問5 —ロ

17.4 測定器

重要知識

出題項目 Check!

□電気工事に用いる測定器

例題 1

図17.16の①で示す2階事務所の明るさ（照度）を測定するものは．

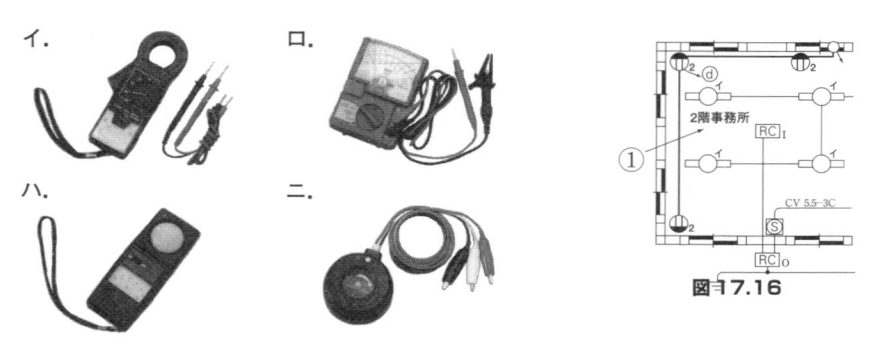

イ． ロ． ハ． ニ．

図17.16

解説

照度の測定には，ハの照度計を用いる．イは電圧・電流・抵抗の測定に用いるクランプメータ，ロは電圧・電流・抵抗などの測定に用いる回路計（テスタ），ニは三相回路の相順を調べる検相器である．

例題 2

コンセントの電圧測定に用いるものは．

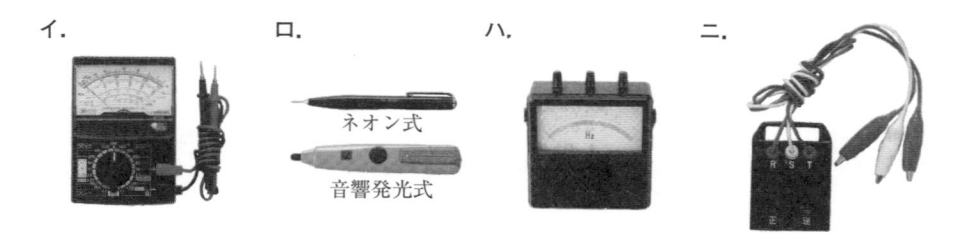

イ． ロ． ハ． ニ．
　　　　ネオン式
　　　　音響発光式

解説

電圧の測定は，イの回路計を用いる．ロは検電器で充電の有無を調べる．ハは周波数計である．ニは検相器で三相回路の相順を調べる．

17.4 測定器

問題

問1	写真で示す測定器の用途は.	イ．接地抵抗の測定に使用する. ロ．絶縁抵抗の測定に移用する. ハ．電気回路の電圧測定に使用する. ニ．周波数の測定に使用する.
問2	写真で示す測定器の用途は.	イ．接地抵抗の測定に使用する. ロ．絶縁抵抗の測定に使用する. ハ．三相回路の相順測定に使用する. ニ．漏電遮断器の試験に使用する.
問3	写真で示す測定器の用途は.	イ．電流・力率・照度の測定に使用する. ロ．電流・電圧・抵抗の測定に使用する. ハ．電力・抵抗・周波数の測定に使用する. ニ．電流・電圧・接地抵抗の測定に使用する.
問4	写真で示す測定器の用途は.	イ．低圧回路の充電の有無を調べるのに用いる. ロ．金属管加工時の寸法明示用として用いる. ハ．接地抵抗測定用の接地補助端子として用いる. ニ．電気回路通電時の接続部の温度測定に用いる.
問5	写真で示す測定器の用途は.	イ．三相回路の相順を調べるのに用いる. ロ．三相回路の電圧の測定に用いる. ハ．三相電動機の回転速度の測定に用いる. ニ．三相電動機の軸受の温度の測定に用いる.

解答

問1 −イ　　問2 −ロ　　問3 −ロ　　問4 −イ　　問5 −イ

受験ガイド

　第二種電気工事士試験は電気工事士法に基づく国家試験で，経済産業大臣から指定試験機関として指定された財団法人電気技術者試験センターが行います．

　この試験に合格して，居住地（現在住民登録されている住所）の都道府県知事に申請すれば，第二種電気工事士免状の交付を受けることができます．

　免状を取得すると，一般用電気工作物の工事の作業に従事することができます．

1　問題形式および出題数

　筆記試験問題は，次のような二つの分野から合計50題出題されます．各設問あたり四肢の択一方式によりマークシートで解答します．

　試験時間は，120分です．

(1) 一般問題　30題：電気に関する基礎理論や配線設計などに関する問題25～26題
　　　　　　　　　　電気工事の器具や工具の名称や用途に関する問題 4～5題
(2) 配線問題　20題：配線図に関する問題，配線図から器具や材料の選別問題

2　出題範囲

　筆記試験問題の出題範囲は，次のようになります．
(1) 電気に関する基礎理論
　　①電流，電圧，電力及び電気抵抗　　②導体及び絶縁体
　　③交流電気の基礎概念　　　　　　　④電気回路の計算
(2) 配電理論及び配線設計
　　①配電方法　　②引込線　　③配線
(3) 電気機器，配線器具並びに電気工事用の材料及び工具
　　①電気機器及び配線器具の構造及び性能　　②電気工事用の材料の材質及び用途
　　③電気工事用の工具の用途
(4) 電気工事の施工方法
　　①配線工事の方法　　②電気機器及び配線器具の設置工事の方法
　　③コード及びキャブタイヤケーブルの取付方法　　④接地工事の方法
(5) 一般用電気工作物の検査方法
　　①点検の方法　　②導通試験の方法　　③絶縁抵抗測定の方法　　④接地抵抗測定の方法
　　⑤試験用器具の性能及び使用方法

(6) 配線図

　配線図の表示事項及び表示方法

(7) 一般用電気工作物の保安に関する法令

　①電気工事士法，同法施行令，同法施行規則

　②電気設備に関する技術基準を定める省令

　③電気用品安全法，同法施行令，同法施行規則及び電気用品の技術上の基準を定める省令

3 合格ライン

合格ラインは，50題中30題以上となります．

4 試験日時と申込書の受付期間

(1) 筆記試験

　毎年6月上旬の日曜日に行われおり，試験時間は120分です

　13時～15時（12時45分までに集合）

　申込書の受付期間は，3月上旬～4月上旬となっています．

(2) 技能試験

　筆記試験の合格者が受験します

　毎年7月下旬の日曜日に行われています．

　11時～11時40分（10時25分までに集合）

5 受験資格

受験資格に，学歴，年齢，性別，経験等の制限はありません．

6 申込書の入手方法・試験実施地

申込書は，(財)電気技術者試験センターで入手します．

試験地は，(財)電気技術者試験センター試験実施本部または申込書で確認してください．

7 試験結果の発表日

筆記試験　7月上旬

技能試験　9月上旬

試験結果は，受験者宛に発送されてきます．

試験の翌日に正解，模範解答例が，試験結果発表日に合格基準，判定基準が試験センターのホームページで公表される予定です．

発表日から1ヶ月間はホームページで合格者の受験番号を検索できます．

8 受験上の注意事項

(1) 電卓の使用禁止

電卓及び計算尺は，使用できません．筆記試験問題の計算については，四則計算（加減乗除）などの筆算によって十分解答できる前提の出題になっており，平方根，三角関数等が必要となるものには数値が与えられます．

(2) 準備する筆記用具

ＨＢの鉛筆またはＨＢの芯を用いたシャープペンシル

プラスチック消しゴム

●試験全般及び申込書受付に関する問い合わせ先

詳しくは，下記の（財）電気技術者試験センター，またはホームページで確認してください．

財団法人　電気技術者試験センター　本部事務局

〒104-8584　東京都中央区八丁堀2－9－1　（秀和東八重洲ビル8階）

TEL：03-3552-7691　　FAX：03-3552-7847

ホームページ　http://www.shiken.or.jp/

（注）受験申し込みは，上記ホームページから申請することもできます．

索引

■あ行

- アウトレットボックス ……………………117
- アーステスタ ……………………64, 143
- 圧着端子 ……………………………………135
- 圧力スイッチ ………………………………158

- 異時点滅 …………………………………… 82
- 一般用電気工作物 …………………………100
- 移動電線の施設 …………………………… 56
- インサートキャップ ………………………127
- インサートスタッド ………………………137

- ウェザーキャップ …………………………121
- ウォータポンププライヤ …………………115

- エンクロヒューズ …………………………137
- エントランスキャップ ……………………121
- 塩ビカッタ …………………………………115

- 屋側電線路 …………………………………162
- 押しボタン …………………………………160
- オームの法則 ………………………………… 2
- 温度ヒューズ ………………………………137

■か行

- 回転計 ………………………………………145
- 開閉器 ………………………………………158
- 回路計 ………………………………………143
- ガストーチランプ …………………………115
- 過電流遮断器 ……………………………32, 86
- 過電流遮断器の定格電流 ……………………36
- 過電流素子付漏電遮断器 …………………129
- 可とう電線管工事 ……………………………50
- 金切りのこ …………………………………113
- カールプラグ ………………………………137
- 換気扇 ………………………………………150
- 幹線の許容電流 ………………………………38

- キャノピスイッチ ……………………………80
- 許容電流 ………………………………………30
- 金属管工事 ……………………………… 46, 76
- 金属製可とう電線管 ………………………117
- 金属ダクト工事 ………………………………52

- クランプメータ ………………………… 62, 145
- クリックボール ……………………………113

- 計器の記号 ……………………………………60
- 蛍光灯 ………………………………………152
- 蛍光灯回路 ……………………………………70
- 蛍光灯用安定器 ……………………………133
- ケーブルカッタ ……………………………125
- ケーブル工事 …………………………… 44, 76
- ケーブルの記号 ………………………………78
- ケーブルラック ……………………………123
- 検電器 ………………………………………145

- 高圧水銀ランプ ………………………………72
- 合成樹脂可とう電線管 ……………………117
- 合成樹脂管工事 ………………………… 48, 76
- 合成樹脂管用カッタ ………………………115
- 高速切断機 …………………………………139
- 交流電磁開閉器 ……………………………129
- 小型変圧器 …………………………………150
- コードサポート ………………………… 58, 133
- コードの使用法 ………………………………56
- コードの太さ ………………………………170
- コードレスドリル …………………………139

199

索引

コンクリートボックス ……………117
コンセントの形状 …………84, 154
コンデンサ ……………………150
コンビネーションカップリング ………119

■さ行

最大値 ………………………14
差込形コネクタ ………………123
三相3線式電路の電圧降下 ……28
三相交流回路 …………………20
三相誘導電動機のY-Δ始動 ……74
三相誘導電動機の特性 …………74
サンダー ………………………139

自家用電気工作物 ……………100
磁気的平衡 ……………………46
施設場所と工事の種類 …………42
自動点滅器 ……………………135
シメラー ………………………141
ジャンピング …………………141
周期 ……………………………14
周波数 …………………………14
周波数計 ………………………145
受電点 …………………………150
手動油圧式カッタ ……………139
ジュールの法則 ………………5
竣工検査 ………………………68
ショウウインドウ内の配線工事 …56
常時点灯 ………………………82
小勢力回路 ……………………170
照度計 …………………………145

水銀灯用安定器 ………………133
スイッチボックス ……………117
素通し …………………………150

制御盤 …………………………160
積算電力量計 …………………143
絶縁抵抗 …………………88, 168
絶縁抵抗計 ……………………143
絶縁抵抗の測定 ………………66
絶縁電線の記号 ………………78
接地金具 ………………………121
接地極付差込プラグ …………84
接地クランプ …………………137
接地工事 …………………90, 168
接地工事の省略 ………………92
接地抵抗計 …………………64, 143
接地抵抗の測定 ………………64
線間電圧 ………………………20
線付防水ソケット ……………133
線電流 …………………………20

相回転計 ………………………145
相電圧 …………………………20
相電流 …………………………20

■た行

耐圧防爆形蛍光灯 ……………135
耐圧防爆形白熱電灯 …………135
ダイス …………………………114
対地電圧 …………………98, 172
タイムスイッチ ………………158
ダクトカップリング …………127
ダクト工事 ……………………52
ダクトサポート ………………127
立上り …………………………150
端子付ジョイントボックス …123
単線 ……………………………11
単相2線式電路の電圧降下 ……28
単相3線式回路の電圧 …………24
単相3線式回路の電圧降下 ……26

単相交流回路 ················14
単相交流の直列・並列回路 ·········17

地中電線路の施設 ···············54
地中配線 ·················148，164
チャイム ···················160
柱上安全帯 ··················141
中性線 ·····················24
チューブサポート ·········58，133
調光器 ················131，156
調査の義務 ··················68
張線器 ····················141

低圧屋外配線の開閉器の省略 ·······164
低圧屋内電路の開閉器の省略 ·······164
低圧進相コンデンサ ············134
低圧水銀ランプ ···············72
低圧引込線 ··················162
抵抗の直列接続 ················2
抵抗の並列接続 ················2
抵抗率 ·····················11
テスタ ····················143
電圧計，電流計，電力計の接続法 ·····60
電圧の区分 ··················88
電気工事業の業務の適正化に関する法律
  ························106
電気工事士の作業 ··············104
電気工事士法 ················102
電球線の施設 ·················56
電気用品安全法 ···············108
電磁開閉器用押しボタン ·········158
天井隠ぺい配線 ···············148
電線管の種類 ················148
電線の接続法 ·················96
電線の抵抗 ···················11
電動機 ····················150

電動機用配線用遮断器 ···········129
電動ねじ切り器 ···············141
電熱器 ····················150
点滅器 ····················156
電流減少係数 ·················30
電流制限器 ··················158
電力 ·················5，17，20
電力損失 ····················26
電力量 ···············5，17，20
電力量計 ···················158

銅管端子 ···················135
同時点滅 ····················82
導電率 ·····················11
特定電気用品 ················108

■な行
ナトリウムランプ ··············72

ぬりしろカバー ···············119

ネオン検電器 ·················62
ネオン変圧器 ················133
ネオン放電灯 ·················58
ネオン放電灯工事 ··············58
ねじ込形コネクタ ·············123
ねじなしカップリング ··········119
ねじなしボックスコネクタ ······118
熱エネルギー ··················5

ノックアウトパンチ ············139
ノーマルベンド ···············121

■は行
配線用遮断器 ···········128，158
配線用遮断器の性能 ············34

配電盤	160	分流器	8
パイプカッタ	113	平均値	14
パイプバイス	113	ベル	160
パイプベンダ	115	ペンダントスイッチ	80
パイプレンチ	115	変流器	62
パイラック	121		
倍率器	8	防水形コンセント	132
パイロットランプ	82	放電ランプ	72
白熱灯	152	ホルソー	139
箱開閉器	129	ボルトクリッパ	125
バスダクト工事	52		
羽根切り	141	**■ま行**	
半田こて	141	マルチタップ	136
		メガー	143
引下げ	150	メタルラス	166
引掛シーリングローゼット	131	面取器	115
ビニル外装ケーブル用ジョイントボックス	123	モータブレーカ	129, 158
ヒューズの性能	34		
平形がいし	137	**■や行**	
		ヤスリ	113
フィックスチュアスタッド	121		
ブザー	160	油圧式圧着ペンチ	125
プリカナイフ	116	油圧式パイプベンダ	115
プルスイッチ	80	誘導灯	135
フロアコンセント	131	床隠ぺい配線	148
フロアダクト	127	ユニオンカップリング	119
フロアダクト工事	52	ユニバーサル	120
フロアダクト用ジャンクションボックス	127		
フロートスイッチ	158	呼び線挿入器	116
フロートレススイッチ	158	より線	11
分岐回路	32, 172		
分岐回路における開閉器の省略	40	**■ら行**	
粉じんの多い場所での工事	42	ライティングダクト	127
分電盤	160		

ライティングダクト工事 …………52
ラジアスクランプ …………………121

離隔距離 ……………………………170
リード型ラチェットねじ切り器 ………114
リーマ ………………………………113
リモコンスイッチ …………………156
リモコンセレクタスイッチ …………156
リモコントランス …………………131
リモコンリレー …………………130, 156
リングスリーブ用圧着ペンチ …………125
リングレジューサ …………………119

ルームエアコン ……………………150

漏電火災報知器 ……………………143
漏電遮断器 …………………………94, 158
漏電遮断器テスタ …………………143
露出配線 ……………………………148

ロックナット ………………………119

■わ行
ワイヤストリッパ …………………125
ワイヤラス …………………………166

■英数字・記号
3路スイッチ ………………80, 82, 131
4路スイッチ ………………………80, 82
D種接地工事の省略 …………………46
HID灯 ………………………………152
IV ……………………………………148
OW……………………………………148
TSカップリング ……………………119
VVF …………………………………148
VVF用ジョイントボックス …………150
VVR …………………………………148
Y回路 …………………………………20
Δ回路 …………………………………20

＜著者紹介＞

粉川　昌巳
（こがわ　まさみ）

学　歴	日本大学理工学部電気工学科卒業(1979)
	東京学芸大学大学院技術教育専攻修士課程修了(1998)
職　歴	東京都立荒川工業高等高校　情報技術科教諭
著　書	「電磁気学の基礎マスター」電気書院
	「絵ときでわかるパワーエレクトロニクス」オーム社
	「電気理論の計算法」東京電機大学出版局
	「合格精選320題 第二種電気工事士 筆記試験問題集」東京電機大学出版局
	ほか

第二種電気工事士 筆記試験　集中ゼミ　第2版

2004年2月10日　第1版1刷発行	著　者　粉川昌巳
2008年3月20日　第2版1刷発行	

発行所　　学校法人　東京電機大学
　　　　　東京電機大学出版局
　　　　　代表者　加藤康太郎

〒101-8457
東京都千代田区神田錦町2-2
振込口座　00160-5-71715
電話　(03) 5280-3433（営業）
　　　(03) 5280-3422（編集）

印刷　（有）バリエ社	©Kogawa Masami 2004, 2008
製本　渡辺製本（株）	Printed in Japan
装丁　高橋壮一	

＊無断で転記することを禁じます。
＊落丁・乱丁本はお取替えいたします。

ISBN978-4-501-11410-7　C3054

電気工学図書

詳解付
電気基礎　上
　　　　　　直流回路・電気磁気・基本交流回路
川島純一／斎藤広吉　共著　　A5判　368頁

本書は，電気を基礎から初めて学ぶ人のために，理解しやすく，学びやすいことを重点において編集。豊富な例題と詳しい解答。

詳解付
電気基礎　下
　　　　　　　　　交流回路・基本電気計測
津村栄一／宮崎登／菊池諒　共著　A5判　322頁

上・下巻を通して学ぶことにより，電気の知識が身につく。各章には，例題や問，演習問題が多数入れてあり，詳しい解答も付けてある。

電気設備技術基準　審査基準・解釈

東京電機大学　編　B6判　458頁

電気設備技術基準およびその解釈を読みやすく編集。関連する電気事業法・電気工事士法・電気工事業法を併載し，現場技術者および電気を学ぶ学生にわかりやすいと評判。

電気法規と電気施設管理

竹野正二　著　　A5判　352頁

大学生から高校までが理解できるように平易に解説。電気施設管理については，高専や短大の学生および第2～3種電験受験者が習得しておかなければならない基本的な事項をまとめてある。

基礎テキスト
電気理論

間邊幸三郎　著　　B5判　224頁

電気の基礎である電磁気について，電界・電位・静電容量・磁気・電流から電磁誘導までを，例題や練習問題を多く取り入れやさしく解説。

基礎テキスト
回路理論

間邊幸三郎　著　　B5判　274頁

直流回路・交流回路の基礎から三相回路・過渡現象までを平易に解説。難解な数式の展開をさけ，内容の理解に重点を置いた。

基礎テキスト
電気・電子計測

三好正二　著　　B5判　256頁

初級技術者や高専・大学・電験受験者のテキストとして，基礎理論から実務に役立つ応用計測技術までを解説。

基礎テキスト
発送配電・材料

前田隆文／吉野利広／田中政直　共著　B5判　296頁

発電・変電・送電・配電等の電力部門および電気材料部門を，基礎に重点をおきながら，最新の内容を取り入れてまとめた。

基礎テキスト
電気応用と情報技術

前田隆文　著　　B5判　192頁

照明，電熱，電動力応用，電気加工，電気化学，自動制御，メカトロニクス，情報処理，情報伝送について，広範囲にわたり基礎理論を詳しく解説。

理工学講座
基礎　電気・電子工学　第2版

宮入庄太／磯部直吉／前田明志　監修　A5判　306頁

電気・電子技術全般を理解できるように執筆・編集してあり，大学理工学部の基礎課程のテキストに最適である。2色刷。

＊ 定価，図書目録のお問い合わせ・ご要望は出版局までお願いいたします。
URL http://www.tdupress.jp/